生活垃圾

分类收集：

理论与实践

〔加〕马 竞 著

西安交通大学出版社
XI'AN JIAOTONG UNIVERSITY PRESS

图书在版编目(CIP)数据

生活垃圾分类收集:理论与实践 / (加)马竞著.
西安 : 西安交通大学出版社,2024.12. -- ISBN 978 - 7 -
5693 - 3070 - 0

Ⅰ. X799.305

中国国家版本馆 CIP 数据核字第 2024U9L674 号

书　　名	生活垃圾分类收集:理论与实践	
	SHENGHUO LAJI FENLEI SHOUJI:LILUN YU SHIJIAN	
著　　者	(加)马竞	
责任编辑	李逢国	
责任校对	郭　剑	
装帧设计	伍　胜	

出版发行	西安交通大学出版社
	(西安市兴庆南路1号　邮政编码710048)
网　　址	http://www.xjtupress.com
电　　话	(029)82668357　82667874(市场营销中心)
	(029)82668315(总编办)
传　　真	(029)82668280
印　　刷	西安五星印刷有限公司

开　　本	700 mm×1000 mm　1/16　**印张** 13.125　　**字数** 264 千字
版次印次	2024 年 12 月第 1 版　　2025 年 1 月第 1 次印刷
书　　号	ISBN 978 - 7 - 5693 - 3070 - 0
定　　价	98.00 元

如发现印装质量问题,请与本社市场营销中心联系。
订购热线:(029)82665248　(029)82667874
投稿热线:(029)82664840　QQ:1905020073
读者信箱:1905020073@qq.com

前　言

　　随着当今经济社会的快速发展,生活垃圾分类管理面临着巨大的挑战,尤其是对正在经历快速城市化进程的中国而言,这一挑战尤为严峻。生活垃圾的有效分类与回收不仅关系到环境的可持续性,还直接影响到经济的绿色转型发展。本研究旨在分析中国生活垃圾分类管理的现状、问题与挑战,并提出高效、适用的解决方案,以期为推动我国乃至全球的绿色发展贡献智慧和力量。

　　本研究源于笔者在固体废弃物管理领域多年的研究实践和理论积累。通过综合运用环境科学、社会学、管理学、心理学等多学科的研究方法,笔者全面剖析了生活垃圾分类收集的理论基础、实践案例和政策执行效果,力图构建一个系统性的分析框架,为生活垃圾分类管理的决策制定和实施提供科学指导。

　　在内容安排上,本研究从固体废弃物管理的社会维度出发,深入探讨了固体废弃物管理中的脆弱性、行为与态度、公众参与以及公共政策等关键问题,揭示了当前的研究现状和未来的发展趋势。接着,本研究详细分析了计划行为理论在生活垃圾分类回收行为中的应用,并通过政策一致性指数模型对我国的垃圾分类政策进行了量化评价。此外,本研究分别从城市和农村两个区域视角,研究了生活垃圾分类回收行为的特点、影响因素以及促进策略,并提出了具体的政策建议。

　　本研究不仅是笔者多年研究成果的总结,也是笔者对于生活垃圾分类管理领域的深刻理解。希望本研究能够为相关领域的学者、政策制定者以及广大公众提供有价值的参考,共同推动生活垃圾分类管理工作的科学化、规范化,为实现环境和社会的可持续发展贡献一分力量。

　　本著作第一章、第二章、第四章、第五章、第六章、第七章、第八章内容由马竞编写,第三章内容由李海媚编写,全书核心概念的界定、学术思想的阐释、逻辑结构的设计、理论体系的架构、编写大纲的编撰、体例的编排、全书内容的统稿由马竞负责。在此过程中,特别感谢李萌、李海媚、殷赵云、郭政兵、曹佳佳参与本著作的文字校对、资料收集工作。此外，笔者还要向本研究所涉及的相关采访者和志愿者致以最诚挚的谢意，向本研究所参考的相关文献的作者表示衷心的感谢。期待本研究能给广大读者带来更多的启示和收获。让我们携手共进，为建设一个更加绿色、美丽的地球家园而努力。

著者

2024 年 9 月

目 录

第一章 社会维度视角下的固体废弃物管理研究现状

第一节 问题与意义

现如今,随着全球经济和社会的快速发展,废弃物产生量的显著增加已成为一个严重问题。作为世界上最大的固体废弃物产生国,中国正面临着日益增加的固体废弃物所带来的严重污染问题。除了固体废弃物的重量和体积的爆炸式增长外,城市固体废弃物的组分也变得越来越复杂。人们普遍认为,城市固体废弃物的两个趋势(发电量增加和成分复杂性)导致了空气质量、水质和公众健康的严重退化,同时也导致了气候变化(如甲烷气体的释放)。因此,如何有效且高效地管理固体废弃物,已经成为全球最重要且具有挑战性的问题之一。

目前,固体废弃物管理正经历着从单纯的处置(如垃圾填埋)向可持续管理(如再利用、回收、减少)的转变。在欧洲,废弃物管理被分为五个步骤:预防、再利用和再利用准备、回收、再循环、处置。其目标是通过源头减量、废弃物转移以及焚烧和填埋"非转移废弃物"来实现废弃物最小化。这一新趋势不仅要求城市固体废弃物管理实现技术创新,还需要所有利益相关者的参与,包括产品制造商、政府机构、私营企业和住户。因此,城市固体废弃物管理系统的成功不仅依赖于技术创新,还受到社会、经济和心理因素的显著影响,如公众参与、政策以及公众态度和行为的影响。因此,研究人员需要从社会维度的视角理解、设计和评估城市生活垃圾管理。

本研究从社会维度视角出发,采用一种初步的、探索性的系统文献综述方法,研究全球范围内固体废弃物管理的现状。在初步文献综述的基础上,重点介绍四个主要研究课题:脆弱性、公众态度和行为、公众参与政策。首先,脆弱性研究是理解固体废弃物管理问题的重要基础。脆弱性涉及城市生活垃圾在健康、收入、获得服务和环境正义方面对亚群体(如儿童、妇女低收入人群、少数民族人群)的影响。尽管这些亚群体很脆弱,但决策者通常不太关心他们的意见和情况。因此,通过分析社会、经济和环境等方面的脆弱性,可以更清晰地认识到废弃物管理面临的挑战和困难,以及不同群体在其中的受影响程度。其次,个人层面的态度与行为研究对于推动固体废弃物管理的改进至关重要。通过深入了解公众对废弃物管理的认知、态度和行为习惯,可以揭示出影响废弃物管理效果的关键因素,从而为制定更有效的干预措施提供依据。再次，组织层面的公众参与研究有助于挖掘和利用社会资源,促进固体废弃物管理的多方参与和合作。通过分析公共教育、公私合作和非正规部门等各类组织在废弃物管理中的作用和贡献,可以探索出更加有效的协作机制和模式,提高管理的效率和效果。最后,从立法和激励政策的角度研究固体废弃物管理,可以为政策制定者提供有价值的参考。通过分析现有政策的优缺点以及实施效果,可以提出更加完善、更有针对性的政策建议,从而推动固体废弃物管理的持续发展。

综上所述,通过从社会维度视角进行系统研究,本研究可以为城市生活垃圾管理提供更全面的理解和有效的解决方案,进而改善城市环境,提升公众健康和生活质量。

第二节　固体废弃物与生活垃圾

固体废弃物的产生和组分受居住条件、生活方式、气候条件和能源来源等因素的影响,因此在城市之间表现出显著的异质性。例如,工业化城市往往产生更多含有可回收物品和电子产品的废弃物;而非工业化城市则产生较少的固体废弃物,并且废弃物中的可生物降解成分较高。近年来,来自电子产品的废弃物快速增加,使固体废弃物组分更加复杂。这使得固体废弃物管理成为一个特定于情境的过程,排除了任何一种"万能"的解决方案。这种复杂性部分地解释了为什么尽管"固体废弃物"这一概念被广泛应用,但对其却缺乏标准化的定义。2012 年,贝尔加拉和乔巴诺格鲁斯将固体废弃物定义为"来自住宅和商业来源的所有固体或半固体材料,持有者不再认为其有足够的保留价值",这一定义得到了广泛认可。2016 年,美国环保署提出城市固体废弃物应"包括我们日常使用后丢弃的物品,如产品包装、草屑、家具、衣物、瓶子、食物残渣、报纸、电器、油漆和电池等"。

《中华人民共和国固体废弃物环境污染防治法》明确界定了固体废弃物的定义、分类、管理原则及责任主体。该法要求生产者、经营者和消费者应减少固体废弃物的产生,鼓励分类投放和回收利用,促进固体废弃物的无害化、减量化和资源化处理。

在"十一五"至"十三五"期间,我国出台了一系列政策文件,如《国务院办公厅关于建立完整的先进的废旧商品回收体系的意见》(国办发〔2011〕49 号)、《"无废城市"建设试点工作方案》(国办发〔2018〕128 号)等。这些政策旨在鼓励固体废弃物的回收和利用,减少固体废弃物的生产量,并加强对固体废弃物进口的监管。同时,政策还提出全面整治历史遗留尾矿库,统筹推进大宗固体废弃物综合利用,推动固体废弃物处理行业的发展。进入"十四五"时期,我国固体废弃物处理政策进一步优化,支持力度不断加大。国家全面禁止进口固体废弃物,继续加强大宗固废综合利用,并大力开展"无废城市"建设。2024 年 2 月发布的《国务院办公厅关于加快构建废弃物循环利用体系的意见》国办发〔2024〕7 号对固体废弃物的循环利用提出了具体要求,包括加强对废弃物分类投放、收集、运输和处理等环节的监管,推广先进的废弃物处理技术等。依照我国国家政策,本研究将固体废弃物定义为:居民在日常生活或为日常生活提供服务的活动中产生的丧失了原有的利用价值,或者虽未丧失利用价值但被抛弃的物品。此类废弃物包括但不限于生活垃圾、污泥、废弃电器电子产品以及医疗废弃物等,如图 1-1 所示。

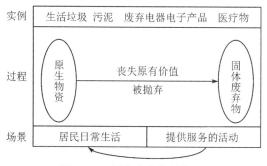

图 1-1　固体废弃物的概念

生活垃圾是指在日常生活中或者为日常生活提供服务的活动中产生的固体废物以及法律、行政法规规定视为生活垃圾的各种废弃物。目前,我国生活垃圾以每年 8%～10% 的速度在增长,大量生活垃圾由于无法得到及时处理,侵占了大面积土地。中国 600 多座大中城市中,三分之二陷入垃圾包围之中,四分之一城市已没有堆放垃圾的合适场所。根据中华人民共和国生态环境部发布的《农村生活垃圾分类、收运和处理项目建设与投资技术指南》,目前,全国农村每年产生约 2.8 亿吨生活垃圾。在全国的 16711 个建制镇和 14168 个乡镇中,年清运的生活垃圾量约为 5700 万吨,而年处理量仅为 3500 万吨。在 571611 个行政村中,约 26% 的村庄设有生活垃圾收集点,只有约 10% 的村庄对生活垃圾进行了处理。大量生活垃圾被随意丢弃或露天堆放,严重污染了环境,不仅占用土地、破坏景观,还传播疾病,严重影响水源、土壤和空气质量以及人居环境。

有鉴于此,本著作围绕固体废弃物的重要组成部分——生活垃圾展开研究。

第三节　方案设计

为了更好地了解城市固体废弃物管理的社会维度研究现状,本研究采用系统文献综述法对相关领域已发表的文献进行了批判性评估。这种方法包括两个主要步骤:审查文献和选择经过严格评估的相关研究。尽管系统文献综述已被广泛用于健康科学,但其在城市生活垃圾管理研究领域尚未得到开发。

一、文献筛选

本研究利用强大、全面且广泛使用的搜索引擎——Web of Science（科学引文索引）核心库，进行关键词检索。通过搜索"municipal solid waste"（城市固体废弃物）和"management"（管理）这两个关键词，获得了1980—2023年发表的能够开放获取的2877篇文献。各年份的文献数量如图1-2所示。

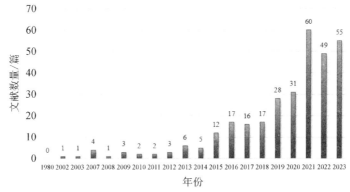

图1-2　各年份固体废弃物管理相关文献的研究①

根据文献的标题和摘要对所有检索到的文献进行初步审查，以评估其是否适合纳入最终研究。筛选标准包括文献是否讨论了城市生活垃圾管理的社会层面，具体分类包括脆弱性、公众参与、行为和态度、政策。在标题和摘要信息不足的情况下，进行了全文审查，只选择明确讨论城市生活垃圾管理的社会层面的文章。最终，纳入研究的文献涵盖了多个角度，从而为深入探讨城市生活垃圾管理的社会维度提供了坚实的基础。

二、文献审查

经过严格的文献筛选，我们最终保留了360篇文章进行深入阅读。为系统地记录和描述与城市固体废弃物管理相关的社会层面的具体细节，本研究开发了一份记录表，以记录和描述与城市固体废弃物管理相关的社会维度的具体细节，并检查其主要发展趋势和关联。记录形式从与文章的一般特征相关的类别开始，包括作者、文章标题、发表年份以及文档类型这几方面。

此外，本研究重点关注弱势群体、态度和行为、公众参与、政策这四个主要类别，如图1-3所示。

---

①　从1980年开始就有了关于固体废弃物研究的相关文献，但相关文献很少。本研究在筛选文献时已剔除掉一些不符合要求的文献，故出现了2007年以前年份数据不连续的情况。

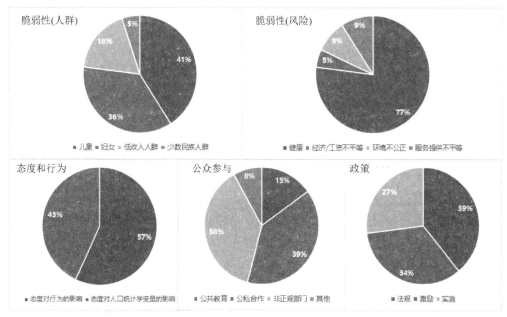

图 1-3　研究分类示意图

第四节　固体废弃物管理中的脆弱性问题研究现状

城市固体废弃物在加工处理、储存和利用等过程中,微生物的存在容易造成环境污染。这种污染可能扩散或集中在土壤、水、空气和生物群以及由固体废弃物制成的产品中,从而影响暴露人群的健康,尤其是脆弱群体的健康。

本研究将脆弱性群体分为儿童、妇女、低收入人群和少数民族人群。检索结果显示,涉及这四个类别的人群的文章数量占比分别为41％、36％、18％和5％。由于非正规回收者或非正规部门工作人员的健康风险主要是职业性的,相关论文被纳入"公众参与"类别;其中一些健康风险是由边缘化、财政问题和卫生问题等造成的。

不出所料,城市生活垃圾对"儿童"的影响最受关注,其次是"妇女"。基于直观感受,儿童和妇女是最脆弱的两个群体。

根据风险类型,筛选的论文也可以分为四类:健康(占比77％)、经济/工资不平等(占比5％)、环境不公正(占比9％)和服务提供不平等(占比9％)。可以看出,城市生活垃圾造成的健康风险在风险研究中占主导地位。

目前关于脆弱性的研究饱含争议。在所有经过筛选的论文中,一些论文显示城市生活垃圾对暴露人群的健康风险显著增加,而另一些研究则没有明确的趋势。

例如，有学者指出，生活在垃圾填埋场附近的儿童患呼吸道疾病的风险很高；在巴基斯坦，人们发现当城市固体废弃物处理不规范时，居住在 100 米内的受访者比居住在 500 米外的受访者更容易感染哮喘和疟疾等疾病。但也有学者没有观察到死亡和发病风险增加的明确证据。

在大多数情况下，儿童总是比成年人更容易受到城市固体废弃物污染的伤害，这归因于儿童更容易通过手口接触摄入污染物。例如，儿童从土壤中摄取灰尘的比率很高（100 mg/d，对于嗜食土儿童甚至高达 5 g/d）更容易受到土壤中所含物的影响。儿童也可能通过日常食物摄入汞元素、吸入有害气体等使健康受到危害。

研究表明，女性面临城市固体废弃物污染风险高于男性。生活在焚烧炉附近的妇女患癌症死亡率更高，如胃癌、结肠癌、肝脏癌和乳腺癌等。此外，女性废弃物分拣员的事故率也更高。有报告显示，垃圾焚烧炉排放的二噁英与后代流产和出生缺陷的风险之间没有明确的关系。

方法上的限制通常被认为是关于城市固体废弃物对儿童和妇女健康风险相互矛盾观察结果的主要原因。有学者指出，一些关键因素如父母的教育水平、生活行为方式（如母亲吸烟）和收入水平等可能在研究中被忽视，从而影响观察结果的准确性。此外，有必要考虑其他污染源的共存，这些源头可能同时对研究对象产生影响。有学者认为，如果不考虑污染物的长时间停留和可能的重复应用（如在农业中使用堆肥），则应谨慎对待此类观察结果，因为这可能导致污染物的积累。此外，观察结果还可能受到焚烧炉是否配备了先进的污染控制技术的影响。

除了健康风险外，在一些国家，女性废弃物处理工人在收入和适应能力方面面临着更大的脆弱性。例如，在越南，尽管女性占城市固体废弃物管理行业员工的近50%，并对城市固体废弃物的管理做出了重大贡献，但由于受教育水平低，这些女性工人的工资较低。

为了降低城市固体废弃物对弱势人群的风险，需要采取一些措施。例如，通过去除可回收成分（如电池、玻璃器皿、塑料和含铁材料）可以有效减少复合产品中的污染。制定和实施适当的城市固体废弃物管理政策也被视为解决方案，这些政策可能会在促进垃圾分类、以更安全的方式加工以及危险物质排放方面有更多的限制。此外，公众意识、公众参与和技术创新也有助于减少城市固体废弃物的污染。

城市生活垃圾对弱势人群的其他影响包括对低收入人群的环境不公正。环境不公正指的是在贫困社区安置城市生活垃圾场和倾倒危险废弃物时，给穷人带来不成比例的废弃物负担。这种不公正现象的一个例子发生在加纳阿克拉，该市的废弃物收集和废弃物处理服务在高收入和低收入地区之间分配不均。这种不平等导致富人生活在清洁健康的环境中，而贫困地区则成为城市生活垃圾的倾倒场，并面临着更高的污染。由于这种现象的主要原因是高收入社区现有的政治和经济优势，因此解决这一问题的方案应强调公众参与、公共教育和分权治理的重要性。

某些情况下,少数民族人群由于无法获得有组织的城市固体废弃物处理服务而遭受困扰。如居住在以色列内盖夫地区的贝都因土著居民,由于地区的边缘化,缺乏废弃物管理基础设施和服务会导致人们在自家后院焚烧垃圾,这会增加妇女和儿童的污染暴露风险,进而增加了腹泻和呼吸道疾病的发病率。宗教、政策等是影响少数民族努力建设废弃物管理体系的重要因素。

第五节　固体废弃物管理中的行为与态度问题研究现状

有关固体废弃物管理的行为与态度的文献集中探讨了一般环境态度和特定态度(与城市固体废弃物直接相关)对行为的影响(占比57%)或对人口统计学变量的影响(占比43%)。社会心理学文献中的研究主要关注环保信仰和行为之间的联系。公众接受度在影响任何城市生活垃圾管理方案的有效性及其顺利运行方面发挥着重要作用。公众对不公平待遇、潜在污染和公共卫生问题的看法可能会降低社会接受度,并在公众中引发"邻避效应"。

公众意识、公众态度和公众可持续行为可以通过多方面的改进来促进,包括提升便利性、加强教育、完善法规、提供经济激励以及增加公众参与决策的机会。中国上海的一项案例研究表明,缺乏分类意识、公众教育不足、源头分类设施不完善以及混合运输和处理是导致城市固体废弃物分离参与度低的主要障碍。有学者提出,可以通过提高回收便利性、制定明确的"回收目标"、指派社区领导人鼓励公众参与以及改善公共教育来提高公众的参与水平。研究人员进一步证实了路边收集和便利性的重要性,并强调教育在弥合"持正确态度"和"在行为中实现正确态度"之间的差距方面的作用。

许多研究探讨了人口统计学特征和社会经济特征对回收利用行为的影响。本研究筛选的问卷中使用的变量包括性别、年龄、收入、受教育程度、居住类型和家庭规模。主要研究结果总结如下:

(1)性别。两性对固体废弃物生产的贡献相等。女性更愿意参与废弃物回收或减少废弃物的活动,但男性比女性更愿意支付回收费用。

(2)年龄。关于年龄与公众态度和行为之间关系的研究结果存在差异。一些文献表明,老年人是最愿意参与废弃物回收的群体,而20~50岁的群体废弃物回收意愿最薄弱。也有研究表明,45岁以上的人更不愿意参与废弃物回收,最愿意参与废弃物回收的年龄段在36~45岁。此外,年轻人比老年人更愿意支付回收费用。

(3)收入。家庭收入与支付意愿和参与意愿呈正相关。在许多不发达国家,固体废弃物管理体系仍然薄弱,居民对废弃物回收的意识较低。因此,改进废弃物管理系统能够提高居民的废弃物回收意识。

（4）教育。教育水平与参与意愿、支付意愿呈正相关关系。受教育程度较高的人将收集时间和频率列为影响他们参与意愿的最重要因素。

（5）居住类型。较大的独立式和半独立式住房单元的居民更有可能参与减少废弃物的生活，并且更愿意支付回收费用。

（6）家庭规模。家庭规模越小，参与废弃物最小化行为的意愿越高。

也有研究表明，性别、子女数量、房屋类型、房屋大小和工资等社会经济变量不是影响回收行为的重要因素。混合证据表明，人们应该综合考虑广泛的社会经济变量，以评估其中哪些变量在回收意愿中起主导作用。多变量模型可能有助于解释文献中的一些明显差异。此外，也可以将社会经济（如收入、价格和人口统计）和社会心理（如个人价值观、信仰和态度）特征相结合，以提供更全面的分析。

第六节　固体废弃物管理中的公众参与问题研究现状

有关公众参与固体废弃物管理领域的文献可归纳为四类：公共教育（占比15％）、公私合作（占比39％）、非正规部门（占比38％）和其他（占比8％）。其中，"其他"类别中包含的内容在适当的情况下可归入前三个类别。

一、公共教育

公共知识是提升公众意识、推动实施城市固体废弃物管理系统的关键因素。研究表明，环境知识和环境态度分别对固体废弃物源头分类和回收的发生频率有86.4％和69.2％的影响。公众知识的缺乏已被广泛认为是阻碍城市生活垃圾管理系统成功的最重要的障碍之一，称为信息障碍。直观地说，如果没有正确的指导信息，公众就无法正确地参与废弃物回收活动。

公共教育的有效性受到许多经济和社会因素的影响，例如个人在阅读报纸和书籍、看电视和使用互联网方面的行为。此外，正如一些学者所指出的，公共教育是政府当前和未来的长期承诺，旨在培养所有利益相关者的环保意识。政府当局的公共卫生教育应以固体废弃物收集者为目标，力求提升相关从业者的健康水平。

实施公共教育的方式需要具体化，其内容和时间应该有很好的规划。例如，对于被归类为非回收者但关心环境的受访者，社会营销活动可以以他们对环境的关注为主题，激发他们的参与兴趣。此外，培训师也是提高居民态度的重要工具。同时，也可采用立法的形式完善固体废弃物的分类和回收等政策。

有研究指出，固体废弃物回收者的合作经营和非合作经营两种模式都对促进教育传播、共享管理、建立伙伴关系等方面有利。然而，意大利最近关于固体废弃物管理的研究表明，非歧视运动可能更有效。

总之，目前关于公共教育的讨论还远远不够。此外，大多数关于教育项目作用的研究都集中在这些干预措施对保护行为的影响上,而很少有研究考察这些干预措施对人们对政策和项目的信仰、动机和态度的影响。因此,未来的研究应进一步探讨公共教育在增强公众对固体废弃物管理政策和项目信任度和支持度方面的作用。

二、公私合作

公私合作(public private partnership,PPP)是侧重于将城市固体废弃物服务从公共部门转移到私营部门的一种有效模式。PPP的定义是"将公共部门当前提供的商品或服务的全部或部分转让和授权给私营部门"。这一定义继而扩展到包括正规部门、非正规部门、私人废弃物承包商以及相对正规的实体,如社区组织和非政府组织。之后学者将非正规部门与私营部门区分开来,并将非正规经济部门视为社区参与的重要组成部分。

大多数关于PPP的研究都集中在工业化国家,这是因为这些国家的私营部门在固体废弃物管理中占有重要地位。例如,在印度,艾哈迈达巴德市有20000多名妇女从事回收废纸工作,德里地区市政公司则有多达150000名拾荒者。

与公共部门相比,私营部门通常有更具创新性的技术、更高的成本效率、更高技能的人员和更广泛的资本资源运营,这些优势使PPP在固体废弃物管理中展现出显著的成效。因此,通过引入私营部门参与城市生活垃圾管理,公共部门可以提高其服务提供和管理效率,并减轻财政负担。

事实上,公共部门和私营部门都有参与PPP的激励措施。对公共部门而言,采用PPP带来的好处包括:①城市固体废弃物通常消耗大部分市政预算,而PPP模式可以大大降低这些费用。②PPP可以帮助解决公共部门长期预算赤字、劳动力扩展困难以及满足公众需求的局限性等问题。③通过PPP,可以有效地降低公共部门腐败和政治影响力,从而提高其服务效率。对于私营部门,激励措施主要包括:①通过PPP更好地满足公众对固体废弃物管理的需求。②转售回收材料带来的潜在利润是私营部门参与PPP的重要动机。③通过收取人们愿意支付的服务费用,私营部门可以实现可持续的收入来源。

目前,许多城市地方机构在合理设定城市固体废弃物项目的PPP标准和限制方面存在较大困难,且缺乏统一的标准,这对与私营企业的合作开展构成了阻碍。

PPP并不意味着地方政府责任为零。事实上,PPP本身并不能保证服务提供的改善和成本的降低。有学者指出,只有在存在竞争、绩效监控和问责机制的情况下,PPP的预期效率才会实现。因此,地方政府在制定私营部门参与的政策和战略计划、监测服务提供、评估服务质量以及提供私营部门未涵盖的服务方面仍然发挥着重要作用。以加纳的一项案例研究为例,其PPP的失败主要归因于监管执行不力、公共部门官员腐败、缺乏政治意愿、缺乏资金和监督机制。从机构和组织的角度进一步分析发现，加纳 PPP 失败的主要原因有三点：一是授予合同、特许经营权和租赁的程序缺乏透明度，导致最合格的承包商并不总能赢得合同。二是由于实施计划不明确，PPP 难以实际实施。三是缺乏监督机制，合同条款执行不力，补贴延迟支付，成本回收低等这些问题也导致 PPP 项目失败。立法能够在一定程度上解决私营运营商的松懈问题，促使他们专注于提供高效的服务，而不仅仅是追求利润。因此，公私合作方应建立促进财务问责制、伙伴关系和具有透明度的法律框架，以确保 PPP 项目的成功实施。

尽管 PPP 在服务提供方面具有优势，但它并非总能带来积极的结果，尤其是对于非正规部门中更脆弱的成员而言。在开罗，由于私有化导致传统的废弃物收集者的生计受到威胁，因为他们失去了获得主要经济资产废弃物的机会，并且由于行驶距离较长而增加了服务成本。有学者指出，公共和私营部门的政策制定者和决策者经常面临寻找可行的正规化方法的困境，而这些方法的制定需要根据特定的城市固体废弃物管理背景来进行调整。

三、非正规部门

在文献中，"正规部门"一词有不同的定义，通常指那些参与私营部门回收和废弃物管理活动的个人或企业。这些活动没有得到正式固体废弃物管理机构的赞助、资助、承认、支持、组织，或者违反正式当局或与正式当局的规定存在竞争。非正规部门的广泛定义通常包括利益相关者，如回收者、流动/固体废弃物购买者、小型回收行业、大型回收行业、社区组织、非政府组织和微型企业。

在全球南部国家，非正规部门的垃圾收集更为普遍。在亚洲和拉丁美洲，城市中多达 2% 的人口依靠垃圾收集为生。在中国城市，这一数字达到 330 万～560 万，占城市人口的 0.56%～0.93%。近年来，非正规部门在城市固体废弃物管理系统中的作用得到了广泛认可。然而，非正规部门对环境的影响具有双重性。一方面，人们普遍认为，非正规部门在以下几个方面表现出积极作用：①非正规部门可以通过减少收集废弃物的数量来降低正式废弃物管理系统的成本；②非正规部门是公共部门的重要补充，尤其在没有正常市政系统的地区（如非正式定居点）；③非正规部门为贫困、边缘化和弱势个人或社会群体提供工作机会和生计来源。另一方面，由于使用了不适当的废弃物处理方法（如后院焚烧垃圾）和不正确的储存方法，非正规部门可能会导致环境进一步恶化。

尽管非正规收集者或回收者在健康方面面临更大的风险，包括化学和生物危害、肌肉骨骼损伤、机械创伤和不良情绪等健康问题。有研究结果表明，废弃物回收者是一个由 1100 万非正规企业家组成的庞大群体，他们与废弃物密切接触，推动了循环经济的发展。然而，由于缺乏防护设备和结构化、安全化的工作系统，他们受到伤害的风险极高。尽管如此，相关文献中对这一群体健康风险的相关研究仍然不足,这可能是因为复杂的社会经济状况使得研究很难确定观察到的健康风险是直接来自城市生活垃圾还是其他社会经济因素。此外,有限的研究周期使得研究无法评估城市生活垃圾对弱势群体的长期影响。

学者普遍认为,在非正规部门之间建立合作社和协会、建立公私伙伴关系、与正规部门融合以及加强政策执行力度,是解决非正规部门问题的可能途径。例如,巴基斯坦的回收部门完全处于非正规和不受监管的状态,由于缺乏资金和系统规划,几乎没有可用的资源和基础设施来支持有效的回收工作。正规部门没有适当处理回收事务的能力,因此回收的任务往往落到非正规部门的利益相关者身上,他们通过创业的形式从城市固体废弃物中获取价值。

有学者提出,应该成立一个中央回收委员会,专门监督和管理目前不受监管和非正规的城市固体废弃物和回收价值链的事务。有研究将某计划外的城市定居点的非正规废弃物回收者纳入废弃物合作社,并将其业务正规化,以提高该地区废弃物管理的效率和质量。然而,由于商业和工业监管不力以及居民意识的不足,许多化学和生物伤害本是可以预防的却仍然发生了。因此,强化政策执行力度不仅能规范非正规部门的运营,还能提高废弃物管理的整体水平,降低健康风险,并促进环境的可持续发展。

第七节　固体废弃物管理中的公共政策研究现状

在固体废弃物管理中的公共政策这一类别的分析中,本研究将政策分为两类:法律法规、激励措施。具体而言,法律法规包括四个方面:①禁令;②控制标准;③强制参与;④时间限制。激励措施分为社会心理激励和经济激励。经济激励可进一步细分为五个子类:①公共补贴;②处置费/小费;③产品费;④押金退款系统;⑤用户费。用户费是业内讨论最多的激励措施之一,因为它是城市固体废弃物收集和处理的主要收费系统。根据收费是否与废弃物产生量挂钩,收费方式可能是固定的(每月或每年)或可变的。在实际操作中,可变用户收费系统可以通过三种方式实现:①每个容器或每千克的统一费率;②预定义重量范围的可调节费率;③固定定价结构,包括固定利率和可变利率。

研究人员偏好可变收费制度,因为它能更有效地鼓励家庭尽量减少废弃物的产生,尤其是在低收入人群中,以避免增加服务费。然而,非法倾倒是可变收费制度的主要问题。为解决这一问题,可以采取以下有效措施:①提高公众接受度;②加强公众教育;③锁定商业和办公室垃圾桶;④拒绝收集受污染的回收物品;⑤设定每个废弃物容器的极限重量;⑥加强执法程序。

有学者指出,基于重量的定价、公共补贴和增强的便利性(如每周而不是每两周收集一次)是最有效的激励措施,并且不会降低成本效率。在某些情况下,可以通过改善服务和提供便利态度来提高经济激励的有效性。

在固体废弃物管理领域,政策执行是另一个至关重要但常常被忽视的议题。政策制定与执行之间的显著差距在许多国家普遍存在。例如,在印度,尽管不同监管机构和印度最高法院做出了很大努力,但实施这些规则仍然遥不可及。由于利益相关方缺乏明确的方向和意识以及监管机构执行不力,许多政策和方案都未能实现其目标。财政资源、技术熟练劳动力、公众意识和公共合作方面的不足被认为是造成这一失败的主要原因。另一个失败的案例发生在埃塞俄比亚的亚的斯亚贝巴。尽管城市管理部门进行了一些重组,并对城市固体废弃物管理进行了实地改革,但既定的权力行使方式仍保留在新的管理部门内,这导致城市生活垃圾处理服务几乎没有改善,并增加了利益相关者之间的不信任。

因此,对于地方政府来说,有必要在当地环境(环境、社会和政治)内评估拟议规划战略和管理系统的适用性,并在实施后不断评估其有效性。这一要求进一步催生了开发新的评估工具和决策模型的需求,并结合适当的评估因素和建设性驱动因素,如对推动者的感知、利益的感知、障碍的感知、环境态度和环保意识。

通过构建地方政府、垃圾处理企业和环境非政府组织的三方进化博弈模型,研究表明,高强度的资金支持、低强度的惩罚和压力措施以及适度的直接监管对物联网技术的实施效果最为显著。这一模型为地方政府提供了科学依据,有助于优化政策执行,提高固体废弃物管理的整体效率和效果。

在筛选的文献中,不同国家的固体废弃物管理体制有许多相似之处。通常情况下,国家或州一级的政府,如美国的联邦和州政府、比利时的地区政府、希腊的环境部和印度的环境与森林部,负责制定政策,而地方政府负责实际的城市生活垃圾收集和处置。体制不健全的地方通常会出现固体废弃物管理架构缺失和政策实施不力等现象。

在筛选的文献中,法规、激励措施和实施策略的分布分别为 39%、34% 和 27%。如果一个文献的研究内容包括一种以上的主题,例如有些文献既涉及法规也涉及激励措施,那么本研究将按照该文献主要讨论的主题来划分其所属范畴。

第八节 固体废弃物管理未来的研究趋势

为探究固体废弃物管理的未来研究趋势,笔者统计了 2014—2023 年相关文献的关键词,包括"waste"(废弃物)、"management"(管理)、"solid"(固体)、"municipal"(城市)等。结果如表 1-1 所示。

表 1-1　2014—2023 年城市固体废弃物管理的研究

年份	词频排序	文献数量/篇	关键词									
2014	1	51	模型	评估	能源	循环	焚烧	生命	发电	排放	收集	属性
2015	2	90	系统	能源	评估	流程	垃圾	回收	循环	焚烧	分析	寿命
2016	3	139	能源	评估	发电	寿命	系统	影响	循环	排放	收集	生产
2017	4	174	评估	能源	生产	系统	排放	消化	循环	水	生产	生活
2018	5	170	能量	评估	生活	循环	消化	系统	模型	分析	食物	回收
2019	6	306	评估	能源	发电	循环	寿命	回收	系统	收集	污泥	水
2020	7	373	能源	评估	消化	发电	生产	循环	排放	回收	污泥	寿命
2021	8	421	能源	评估	发电	消化	排放	生产	周期	行为	生命	恢复
2022	9	442	能源	评估	生产	流程	回收	消化	发电	排放	性能	生活
2023	10	423	能源	发电	排放	评估	生命	消化	循环	性能	系统	生产

观察可知,2014—2023 年固体废弃物管理的研究涉及能源、循环再生、全生命周期、产品生产、污染物排放、固体废弃物的分拣、固体废弃物管理系统的建立等领域,具体概括为以下几方面。

(一)能源与循环再生

固体废弃物被视为一种潜在的能源资源,尤其在能源短缺和环境压力增大的背景下,其能源化利用备受关注。文献显示,通过焚烧、热解等技术手段,固体废弃物可转化为热能或电能。同时,循环再生技术的研究也在不断深入,旨在提高废弃物的回收利用率,减少新资源的消耗。

(二)全生命周期管理

全生命周期管理强调从产品的设计、生产、使用到废弃的整个过程都考虑废弃物的管理。文献指出,通过优化产品设计、改进生产工艺和推行绿色供应链,可以减少废弃物的产生,提高资源利用效率。

(三)产品生产与污染物排放

研究关注于生产过程中废弃物的减量化以及排放物的控制。通过采用清洁生产技术、建立严格的排放标准以及加强监管,旨在降低生产活动对环境的负面影响。

(四)固体废弃物的分拣

随着技术的发展,固体废弃物的分拣技术也日益成熟。文献分析了多种智能分拣系统,能够高效地对废弃物进行分类,为后续的回收处理提供了便利。

(五)固体废弃物管理系统的建立

各国都在积极地构建完善的固体废弃物管理系统,包括法律法规、政策措施、监管机制等。文献分析了不同国家的管理体系,并提出了优化建议和改进方向。

这些研究反映了固体废弃物管理领域的多样性和复杂性。未来的研究应继续关注这些研究领域,以实现固体废弃物管理的可持续发展。

第九节　章节总结

研究人员越来越广泛地认识到社会维度在可持续城市生活垃圾管理中的重要性,尽管在这一领域所做的努力还远远不够。城市生活垃圾管理的内在复杂性使得社会维度上的因素相互交织,进一步增加了社会维度的难度。

一、固体废弃物社会维度的研究有限但稳步增加

学者对城市生活垃圾管理社会层面的研究在稳步增加,但整体研究仍显不足。尽管检索标准可以追溯到1980年,但在1991年之前几乎没有相关的出版物。这可能是因为在1991年之前,人们很少关注城市生活垃圾管理的社会层面。本研究在 Web of Science 搜索"城市固体废弃物"这一单一的关键主题术语,共搜索到26094篇论文。因此,与城市生活垃圾管理的社会维度相关的研究仅占城市生活垃圾管理研究的0.69%,这表明学者对这一主题的关注仍然有限。

二、固体废弃物社会维度的研究全球范围内分布不均

在所有类别中,除了脆弱性这一类别,亚洲其他类别的研究数量均排名第一,这可能是因为亚洲人口密度高、城市化率高、经济发展快,导致了更为严重的城市生活垃圾管理问题。此外,亚洲也是工业化国家数量最多的地区之一,城市生活垃圾管理面临更多的挑战和障碍。

"其他"类别代表没有明确说明所研究特定领域的论文,这些论文或多或少属于理论分析或概述。例如,有关存款/退款系统的理论模型,但未明确指出任何特定的地区。同样明显的是,涉及比单个国家更广泛领域的论文数量非常有限("地区"类别中仅有五篇)。这一发现与一般观点一致,即城市生活垃圾管理应适应当地条件,不存在"一刀切"的解决方案。

三、固体废弃物社会维度的研究的四类研究相互关联

尽管本研究将筛选出的论文分为四类,但实际上这些类别是相互关联的。政策作为政府的干预手段,其作用是确保整个城市生活垃圾管理系统的有效实施,保

护弱势群体,提高公众环保意识,改变公众环保态度,并通过激励措施填补态度和行为之间的差距,最终提高公众参与度。

对于弱势群体而言,改善其生活条件和降低健康风险不仅需要通过政策进行保护,还需要鼓励他们参与决策过程。作为主要参与者,公众的态度和行为是影响资源源头减量、回收、再利用的关键因素。因此,了解影响公众环保态度和行为的因素对于帮助决策者加强现有政策框架中的薄弱环节并提高新激励措施的有效性至关重要。

让公众参与城市生活垃圾管理是实现可持续发展的关键举措之一,这一举措显然取决于适当的政策和正确的态度。通过从决策的早期阶段鼓励公众参与,可以提高公众对城市生活垃圾设施潜在风险的认识,减少公众的反对,并将潜在风险降至最低,尤其是对于弱势群体的风险。对于非正规部门的参与,政策需要提供财政和技术支持。同时需要通过承认非正规部门做出的贡献来改变公众态度。公众参与应该在公共部门和非正规部门之间建立适当的伙伴关系。这些相互作用使得城市生活垃圾管理的分析变得复杂,因此需要采用综合分析方法,既能够处理定量数据,也能够处理定性数据,并结合多种标准进行评估。

四、固体废弃物管理一体化是未来发展的新趋势

城市生活垃圾管理的一个新趋势是建立一个涉及所有利益相关者的综合系统,包括政府、私营部门、非政府组织和非正规部门,并在它们之间分担城市生活垃圾的管理责任。公私伙伴关系和权力下放被广泛认为是这一综合系统的主要组成部分,是解决日益恶化的城市生活垃圾问题的有效解决方案,尤其是对工业化国家而言。

这种改革需要一个连贯的框架,将城市生活垃圾管理的技术、经济、文化、社会和环境变量整合在一起。可持续的决策模式不仅需要同时考虑经济、环境和社会因素,还需要将公众参与贯穿决策过程的始终。由于充分的信息是这种整合有效性的先决条件,因此,沟通应达到高标准,以促进公众共识的最大化。重要的是,公众能够获取和评估所有背景信息以及正负面影响。

第二章 计划行为理论在垃圾分类回收行为中的应用

第一节 问题与意义

快速的城市化和工业化正导致全球城市生活垃圾产生量的空前增加。国内生产总值相对较高的国家往往产生更多的城市生活垃圾。预测显示,全球主要大城市的城市生活垃圾发电量将从 2012 年的 13 亿吨增加到 2025 年的 22 亿吨。城市固体废弃物通常是各种可回收材料的来源,例如金属、纸张、塑料和玻璃等。有效的城市生活垃圾管理可以回收有价值的可回收材料,并减少垃圾对环境的负面影响。垃圾分类是城市生活垃圾管理中材料回收的关键步骤。

作为全球工业化发展速度最快、人口最多的国家,中国正面临着世界上固体废弃物产生量最大、产生速度最快的挑战。在中国,目前还存在一些自发的回收有价值的材料的行为,如纸张、塑料等材料的回收行为。然而,这种自发行为远远不能满足城市固体废弃物管理中回收的实际需要。为了促进城市生活垃圾分类收集,2000 年 6 月,中国建设部(现住房和城乡建设部)在北京、上海、广州、深圳、杭州、南京、厦门和桂林 8 个城市启动了城市固体废弃物分类收集的试点计划。然而,由于公众参与程度低,大多数试点项目都没有成功。自 2019 年 7 月 1 日起,《上海市生活垃圾管理条例》正式实施。上海是中国第一个垃圾分类试点城市,开始实施强制性垃圾分类。所有生活垃圾分为"可回收垃圾""危险垃圾""湿垃圾"和"干垃圾"四大类,有别于传统的可回收和不可回收垃圾分类模式。个人、单位未按规定处理垃圾的,处 50 元以上 5 万元以下罚款。上海作为中国垃圾分类行动的引领者,在现代中国公共卫生发展中发挥着重要作用。到 2020 年底,中国已在武汉等 46 个重点城市基本建立垃圾分类处理体系,并进行第一轮试点,快速开展了大规模的垃圾分类工作。

学者对垃圾分类的研究在不断发展。政府政策与激励措施、垃圾分类技术和垃圾分类行为都得到了有效的研究。尽管学者对政策和分类方法进行了全面研究,但必须承认废弃物分类的成功执行取决于居民的积极参与。为了鼓励个人的垃圾分类行为,需要了解这种行为的一般情况。计划行为理论(theory of planned behavior ,TPB)是被广泛用作解释回收行为的良好理论模型,并被认为优于其他行为理论(如规范激活理论)。尽管文献中有许多关于使用 TPB 框架分析全球回收行为的研究,但对中国废弃物分类行为的研究力度有限,且主要集中在沿海发达地区,而不包括广阔的内陆和欠发达地区。因此,为了填补文献空白,并考虑中国不同地区经济发展高度不平衡以及社会文化规范的广泛差异性,笔者对广西壮族自治区桂林市的城市生活垃圾分类进行了实地调查。桂林市作为中国内陆的代表性城市,其国内生产总值(gross domestic product,GDP)接近全国平均水平。在笔者之前的研究中,公众参与是根据公众感知、公众意识、公众态度和支付意愿来评估的。为了进一步定量评价影响公众行为的决定性因素,本章建立并分析了包括态度、主观规范、感知行为控制和情境因素在内的扩展计划行为理论模型。

尽管计划行为理论在解释回收行为方面取得了一定的成功,但关于其能否全面解释回收行为的质疑一直存在。一些研究者对统计结果的可靠性提出了质疑。例如,巴斯克指出,对于一般环境保护行为,如回收行为,感知行为控制(perceived behavioral control,PBC)和意图测量的克龙巴赫 α 系数(Cronbach's α coefficient)通常低于理想值,这可能会影响统计结论的有效性。此外,克拉夫特认为,PBC 作为回收意愿的预测指标可能被过度强调。也有学者发现,声称参与回收的人实际上并未真正参与。同时,研究结论的不一致性也引起了学者的关注。如斯特赖敦指出,尽管多年来许多研究使用 TPB 来解释回收行为,但得出的结论往往相互矛盾。也有学者认为年龄对家庭的回收意愿有负面影响,因为年轻人通常具有更高的环保意识。然而,迪吉奥等的研究则表明,年龄对回收意愿的影响在统计学上并不显著。针对回收行为的实证研究,计划行为理论作为解释模型,其有效性受到了一定程度的质疑。一些研究结果甚至相互矛盾,这严重挑战了 TPB 在解释回收行为方面的可靠性。有学者提出,TPB 已经不再是一个合理的理论用来解释行为或改变行为,应该让其"退休"。学者建议,激励措施、习惯强度以及自我调节策略可能是更有效的解释和预测回收行为的模型。基于上述讨论,我们面临一些关键问题:计划行为理论在解释回收行为方面的可信度究竟如何? 又有哪些因素影响了文献中关于回收行为结论的差异? 这些问题的答案至关重要,因为只有当研究结论是可靠的,我们才能确保基于这些结论的实践指导和促进废弃物回收的有效性。否则,可能会导致严重的资源浪费和环境影响。鉴于使用 TPB 作为研究模型的相关研究的数量不断增加,探究影响 TPB 应用准确性的因素变得尤为必要,这也是本研究的主要目标。

第二节　计划行为理论的基本原理

一、计划行为理论的定义

计划行为理论是从早期的理性行动理论发展而来的,该理论假设人们的行为是理性的,个人行为由行为意向所决定。行为意向受到两个因素的影响,分别是态度和主观规范。但理性行动理论的前提条件有一个巨大的缺陷,即默认人的意念是理性的,个人的行为是其理智思考后的结果的具体表现。但实际上,人的行为有时是因为外界的刺激产生的,并不是理性思考后的行为,即非理性行为。因此,艾森在理性行动理论的基础上,增加了一项对自我"感知行为控制"的新概念,从而发展成为新的行为理论研究模式——计划行为理论。基于理性行动理论的计划行为理论形成了一种社会心理学模型,可以有效地解释社会行为。计划行为理论认为,行为意图直接导致实际行为的发生,同时有三个变量影响行为意图,它们分别是态度、主观规范和感知行为控制,如图 2-1 所示。

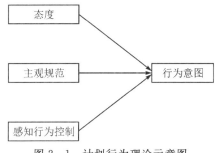

图 2-1　计划行为理论示意图

　　一般来说,态度和主观规范越有利,感知行为控制越大,则其行为意图越强烈;当发生某种机会时,人们就越期望执行他们的意图,发生实际行为的可能性就越大。态度、主观规范、感知行为控制、行为意图的具体含义如下。

（一）态度

　　态度是个人喜欢或不喜欢行为对象并进行反应的程度,人们通常试图从事能够带来"好"结果的行为,并避免从事导致"坏"结果的行为。由图 2-1 计划行为理论示意图可以看出,个人对行为的态度、主观规范和感知行为控制形成个人的行为意图。通常来说,行为态度在解释行为意图时,是最可靠的一个变量。

（二）主观规范

　　主观规范是 TPB 理论的第二个关键概念。主观规范原本是指人们对其他行为发生的认识,以及对他人某些行为的赞同或不赞同的看法。但在 TPB 框架中,主观规范主要被概念化为感知的社会压力,即个人在采取某一特定行为时所感受到的对社会压力的认知。和态度以及感知行为控制一样,主观规范被认为不直接但间接地通过其对行为意图的影响来影响行为。特里等在研究中发现,主观规范在所有变量中对行为意图的影响力最弱。

（三）感知行为控制

　　感知行为控制是个人对其控制一组特定行为的能力的判断。具体来说,感知行为控制是个人对自己完成或实施某一行为的难易程度的判断,这一概念大致相当于社会认知理论的自我效能。感知行为控制可能会随着情境的变化而变化。考虑感知行为控制的原因在于,在感知的行为控制是真实的情况下,其从很大程度上可以帮助预测行为。

(四)行为意图

在计划行为理论模型中,行为意图被认为是影响行为的最直接因素。然而在实际生活中,由于许多行为的实际执行可能会有巨大困难,有可能反过来限制了行为意图。因此,行为意图与行为存在着双向影响的关系。

二、计划行为理论的发展

标准计划行为理论由五个要素组成:态度、主观规范、感知行为控制、行为意图和行为。态度衡量个人对行为可能结果的信念和评估。主观规范衡量个人是否采取特定行为的社会压力。感知行为控制衡量个人对其对行为表现的能力的看法。影响感知行为控制的方式有两种:一种是赋予行为意图以动机意义,另一种是直接预测行为。行为意图是个体对采取特定行为的主观概率的确定,反映了个体执行特定行为的意愿,而行为是指个体的实际行为。根据这五个要素,学者总结以下几点:①个人的行为是由个人对特定行为的意图驱动的;②除意图外,个人的能力也会影响个人的行为;③行为意图是由态度、主观规范和感知行为控制共同决定的;④个人性格、年龄、职业、性别等因素只能通过态度、主观规范和感知行为控制间接影响行为意向;⑤感知行为控制与行为之间可能存在联系,感知行为控制也可以直接影响行为,无论它形成的行为意图如何。

在TPB理论的基础上,一些学者研究了信念对主观规范的影响,发现"信念"对TPB理论中的三个变量都具有影响,于是将"信念"纳入了TPB模型,对原来的TPB模型进行了改进,其示意图如图2-2所示。

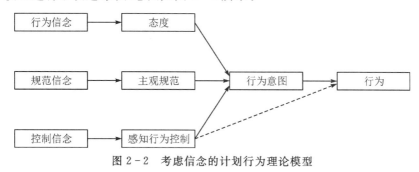

图2-2 考虑信念的计划行为理论模型

在这一模型中,个人的态度被认为是由行为信念所决定的。行为信念是指个人对实施行为所可能产生的大量不同的后果的信念。规范信念包含了两层含义:

一是指个人对于自身周围"重要人物"（包括亲人、领导、同事、同学等）关于某种行为支持或反对的认知；二是指个人遵循这些"重要人物"认知的程度。控制信念是指个人对感知到的，可能促进或阻碍某一具体环境活动的因素的认知。

TPB 理论在环境行为研究中的应用较多，但其应用并不是没有限制的，它有着相应的适应范围。①计划行为理论的研究对象是个体，并且个体的行为是理性的。而在情感因素支配下的行为（如愤怒、激动、抑郁等）和个人为了集体的看法、观点等做出的行为以及个人在集体活动之中的行为（如游行、骚乱等）不属于研究对象。②计划行为理论只是对某一项具体的个体行为适用，对于宽泛的条件下的行为可能并不适用。比如，计划行为理论适用于周末下午针对某个个体的植树行为，不能用来描述周末植树这个宽泛的行为。③个体一致性。即计划行为理论模型中的各要素都必须指的是同一个个体。

三、社会认知理论的定义

社会认知理论是社会心理学中的一项重要理论，由阿尔贝特·班杜拉于 20 世纪 60 年代提出，并经历了几十年的发展。该理论着重于研究人们是如何通过观察他人的行为、结果以及认知过程来学习新的行为，并将其运用到自己的生活中。在社会认知理论中，个体、环境和行为之间的相互作用被视为决定人类行为的重要因素，这一理论框架不仅帮助我们理解个体学习和行为的过程，也为实践应用提供了丰富的启示。在社会认知理论中，观察学习被认为是一个关键的机制。个体不仅通过自身的直接经验学习，还通过观察他人的行为和结果来获取知识和技能。这种观察学习往往是通过模仿他人的行为来实现的，即模型示范。个体观察他人的行为并从中获取信息，然后根据这些信息来调整自己的行为，这一过程中的认知因素起着至关重要的作用。相比传统的行为主义理论，社会认知理论更加强调认知过程在学习和行为塑造中的重要性，认为个体的行为选择和执行受到认知因素的影响，而不仅仅是外部刺激的反应。

自我效能感是社会认知理论的核心概念之一，其主张个体对自己能够完成特定任务的信心水平对其行为和心理状态产生重要影响。自我效能感的形成受到多种因素的影响，其中包括先前的成功经验、模仿他人的经验、社会支持和情绪状态等。成功的经验会增强自我效能感，而失败的经验可能会降低自我效能感。个体通过观察他人的行为和结果来形成对自己行为的期望，并根据这些期望来调节自己的行为。自我效能感不仅影响个体的行为选择和执行，还对个体的情绪状态、动机水平和心理健康产生重要的影响。高自我效能感的个体更有可能设定挑战性的目标，勇于面对困难，通过努力和坚持来克服障碍。相反，低自我效能感的个体可能会逃避挑战、放弃努力或出现情绪上的困扰。个体可以通过增加成功的经验、观察他人的成功经验、接受正面的社会反馈和采用情绪调节策略等方式来调节自我效能感。自我效能感的增强不仅有助于个体实现个人目标,还会对社会发展和进步产生积极的影响。在教育领域,社会认知理论为教学实践提供了重要的指导。教师可以通过提供模型示范和建立正面的学习环境来促进学生的学习和发展。同时,教师可以通过提供挑战性的任务和支持性的反馈来增强学生的自我效能感,激发他们的学习兴趣和动力,提高学习成绩。在心理治疗领域,社会认知理论被用来解释和改变不良行为和心理问题。心理治疗师可以通过增强患者的自我效能感来帮助他们应对各种心理问题和挑战,促进个体的心理健康和自我成长。在组织管理中,社会认知理论可以帮助领导者理解员工的学习和行为塑造过程,从而促进组织内部的知识分享和团队合作,提高组织的绩效和竞争力。例如,管理者可以通过提供培训、支持和正面的反馈来增强员工的自我效能感,提高他们的工作绩效和工作满意度。在运动和健康领域,教练可以通过积极的激励和支持来增强运动员的自我效能感,提高他们的运动表现和竞技成绩。社会认知理论对于理解个体学习、行为和发展的过程提供了重要的理论框架。而对自我效能理论的深入理解和应用有助于指导个体实现自我发展目标,促进个体的健康,增加幸福感。通过增强自我效能感,个体可以更有效地应对各种挑战和压力,展现出更加积极的行为和态度,同时也为教育、心理治疗、组织管理等领域的实践应用提供有益的理论支持,有利于实现个人成就和社会发展的双赢。

四、计划行为理论和社会认知理论的比较

计划行为理论和社会认知理论是社会心理学领域两个重要的理论框架,旨在解释人们的行为意图和行为选择,但各自侧重的因素和理论构建略有不同。

(1)从理论框架和核心观点的比较入手。计划行为理论将个体行为决策过程分解为态度、主观规范和感知行为控制三个要素。这种简洁的理论框架使得 TPB 在解释和预测行为意图方面具有较高的实用性和可操作性。TPB 认为个体的行为意图受到这三个要素的影响,从而决定了最终的行为结果。与此相比,社会认知理论涉及了更广泛的认知和社会因素,包括观察学习、模仿、认知评价等,其理论框架更加复杂,但也更全面地考虑了个体学习和行为发展过程中的各种因素。

(2)从理论发展的角度来比较。TPB 自提出以来,得到了广泛的应用和验证,并在实践中取得了不错的预测效果。其理论框架和核心概念在理论发展中基本保持稳定,但也不断受到实证研究的检验和修正。而社会认知理论经过多年的发展和完善,逐渐形成了一套系统的理论框架。在理论发展中,社会认知理论不断吸收和整合新的认知和社会因素,以适应不同领域的研究需求。

(3)比较这两个理论在假设、研究方法、实证研究和跨文化适用性等方面的差异。计划行为理论假设个体的行为意图是决定其行为的最重要因素,而这一意图受到个体的态度、主观规范和感知行为控制的影响。社会认知理论假设个体通过

观察他人的行为和结果来学习新的行为，并将其应用到自己的生活中，认为行为学习和塑造是一个社会化的过程。在研究方法上，计划行为理论通常使用问卷调查等量化方法来研究个体的态度、主观规范、感知行为控制以及行为意图和实践之间的关系。社会认知理论则更倾向于使用实验研究和观察法来研究个体如何通过观察和模仿他人来学习新的行为。在跨文化适用性方面，计划行为理论的问卷调查研究方法相对标准化而言，能够比较容易地在不同文化背景下进行，但在不同文化中个体的态度、主观规范和感知行为控制可能会有所不同。社会认知理论更加强调个体的社会和文化背景对行为学习和自我效能感的影响，因此需要更加细致地考虑文化因素对理论的影响。

综上所述，这两个理论在解释行为意图和行为选择方面各有侧重，涵盖了认知、社会和个体因素，为我们深入理解人类行为提供了多个角度和理论框架。不同的理论可以互相补充和交叉验证，共同促进个体对行为选择和行为实践机制的深入理解。它们在理论框架、发展历程、应用领域、假设、研究方法、实证研究和跨文化适用性等方面的比较，为我们提供了更加全面的视角，有助于我们进行进一步的深入研究和实践应用。

五、计划行为理论的评价

计划行为理论是社会心理学领域中一种经典的行为决策理论，是对"理性行为理论"的延伸和完善。该理论认为个体的行为意图是决定其行为的最重要因素，而这一意图受个体对行为的态度、主观规范和感知行为控制的影响。在 TPB 的框架下，个体对于某一行为的态度、社会规范以及自我能力的认知会共同影响其行为意图，进而影响其实际行为的执行。这一理论框架为研究者和实践者提供了一种系统性的方法，通过该方法理解和预测个体的行为选择和行为实践。

TPB 的优点在于：①操作性强。通过测量个体对于某一行为的态度、主观规范和感知行为控制等因素，研究者可以相对准确地预测个体的行为意图和行为选择。这种简洁而清晰的理论结构使得 TPB 在实践中具有很高的可操作性和实用性，有助于研究者和决策者更好地了解个体行为背后的动机和因素。②广泛的应用领域。该理论已被广泛应用于健康行为、环境保护、消费行为、社会行为等多个领域，并在这些领域中取得了不错的预测效果。例如，在健康领域，TPB 被用于解释个体对健康行为（如运动、饮食、戒烟等）的态度和行为意图，为健康干预和教育提供了重要的理论依据。

此外，TPB 得到了大量的实证研究支持。许多研究表明，个体的行为意图和行为选择确实受到其态度、主观规范和感知行为控制等因素的影响，而 TPB 能够相对准确地预测个体的行为意图和行为选择。这些实证研究为 TPB 的理论基础提供了坚实的支持，证明了其在解释和预测个体行为方面的有效性和可靠性。

　　然而,TPB 也存在一些不足之处和挑战。①TPB 相对忽略了行为决策过程中的情境因素。个体的行为往往受到情境的制约和影响,而 TPB 没有充分考虑到这一点,这可能导致理论在实践中的局限性。②TPB 假设行为意图直接决定了行为的实践,但实际上个体的行为决策可能受到更多的因素影响,行为意图与实践之间的关系可能更加复杂。③TPB 相对忽略了个体内部的心理因素对行为意图和行为选择的影响,例如个体的情绪状态、自我认知、动机等因素可能对行为决策产生重要的影响,但这些因素在 TPB 中没有得到充分的考虑。④TPB 在解释行为意图和行为选择方面相对单一地强调了个体的认知因素,而忽略了其他可能影响行为的因素,如情感因素、社会因素等,这导致了 TPB 在解释行为意图和行为选择方面的局限性。

　　因此,未来的研究需要继续探索和完善 TPB 的理论框架,综合考虑更多的因素,建立更为全面和综合的行为决策模型,以提高对个体行为的解释力和预测力,从而更好地指导实践工作。

第三节　拓展的计划行为理论及其对垃圾分类行为的解释

一、理论框架

　　在 TPB 模型的基本理论框架中,"态度"在确定行为意图方面发挥了重要作用,"主观规范"对行为意图的显著影响也得到了一致的证实。有学者评估了主观规范与体验态度以及主观规范与工具态度之间的相互作用,两者都显著影响了回收意愿,这意味着主观规范在激励回收行为方面起着至关重要的作用。在标准的 TPB 框架中,感知行为控制可能会影响行为意图和行为。然而,大多数工作仅评估了 PBC 对行为意图的影响。在阿利等学者的研究中,PBC 被确定为影响回收行为和意图的最重要决定变量。其他学者也得出了类似的结论,PBC 被列为影响回收行为的最重要因素。PBC 对行为意图的重要性也得到了其他人的证实。尽管如此,在一些研究中,发现 PBC 的作用非常弱。即使是在同一国家进行的调查,如在土耳其,"态度"在影响回收意愿方面具有统计学意义,而阿利等的研究则不然。总之,观测结果表现出明显的区域依赖性。然而关于中国垃圾分类回收行为的研究屈指可数。有学者使用具有道德义务和过去行为的扩展 TPB 模型分析了中国杭州的生活垃圾分类行为。分析结果表明,主观规范和过往行为是影响垃圾分类意愿的唯一因素,而态度和 PBC 则没有产生显著影响。扩展的 TPB 模型被用来对道德义务、环境知识和情境因素进行了新的测量,以了解中国广州居民的垃圾分类行为。研究发现,除了主观规范外,态度和 PBC 在决定居民意向方面也起着重要作用,态度是最重要的影响因素。

尽管传统的 TPB 框架在研究各种行为的决定因素方面取得了成功，但人们认为它不足以解释复杂的行为，例如个人的废弃物分类收集，因此应该纳入一些额外的变量。此外，大多数研究通过考虑新的测量变量来扩展 TPB 模型，例如纳入对后果的认识、道德规范、对环境问题和知识的认识、环境评估、过去的经验和行为、行动计划、自我认同、情境因素和对社区的关注等变量。就解释的垃圾分类的意图和行为而言，大多数扩展的 TPB 模型都表现出比标准模型更好的性能。根据戴维斯的建议，在分析回收行为时，应考虑所涉及的努力、不便、存储空间和回收计划的途径等情境因素。在本研究中，一种新测量的情境因素被纳入传统的 TPB 模型中。与 PBC 不同，在 PBC 中受访者被直接询问他们对行为的控制程度的感受，而情境因素则代表了行为表现的潜在障碍。

二、研究方法

(一)地点选择

桂林位于中国广西壮族自治区的东北部，地理位置为东经 $109°36'50''$—$111°29'30''$、北纬 $24°15'23''$—$26°23'30''$。桂林总面积为 27809 平方公里，城镇人口约 272.86 万，2023 年全市国内生产总值（GDP）为 2523.47 亿元，城镇居民人均可支配收入为人民币 43725 元。全市有 8 个主要城市生活垃圾处理设施，日常处理能力为 3155 吨。自试点项目首次启动以来，桂林市城市生活垃圾分类收集工作进展效果甚微。2011 年，城市生活垃圾源头分类收集率仅为 8.9%，远低于其他试点城市，如北京为 40.1%。2015 年，桂林市政府启动了自己的城市生活垃圾分类收集试点项目。该计划仅将厨余垃圾与生活垃圾分开，而将所有其他垃圾（如纸张、玻璃、塑料制品和金属）混合在一起收集。

(二)数据收集

笔者之前在桂林市区进行了实地调查。在与市政府工作人员协商后，选择了六个住宅区。其中三个卫生条件相对较好，其他三个则处于平均水平。在居民经常经过的每一条道路和小区大门上都设置了测量站，鼓励经过测量站的居民自愿参加测量，通过问卷调查对每位参与者进行了亲自访谈。在内容、语言清晰度和篇幅方面，问卷经过了四次修改。测试样本被排除在实际调查样本之外。共发放问卷 896 份，收回有效问卷 848 份。调查的原始数据首先被编译成 Excel 电子表格，然后使用路径分析法进行数据分析。所有分析均使用 SPSS（V22）（社会科学统计软件包）和 AMOS（V21）（结构方程模型软件）完成。

(三)计划行为理论的测量

用于 TPB 的每项测量的回答格式均按从"强烈不同意"到"强烈同意"的 5 分制评分，所有测量总结如下。

1. 城市生活垃圾分类收集行为

受访者被问及是否按照垃圾桶上的标志对生活垃圾、丢弃垃圾进行分类，以及定期注意垃圾桶上的标志。

2. 垃圾分类的意向

通过询问以下问题来衡量垃圾分类的意向："我打算支持建立基于废弃物多付、混合垃圾多付、源头收集少付原则的新垃圾收费制度。""我打算参与和城市固体废弃物源头分类收集相关的决策过程。""我打算为城市固体废弃物源头分类收集支付特定的垃圾处理费用。"基于计划行为理论，提出以下假设。

H1（假设 1）：意图与行为呈正相关。

3. 态度

态度是通过询问受访者是否同意以下陈述来衡量的："我认为有必要在我的社区实施废弃物源头分类收集。""我相信实施城市固体废弃物源头分类收集可以减少我支付的垃圾处理费。"基于计划行为理论，提出以下假设。

H2（假设 2）：态度与意图呈正相关。

4. 主观规范

主观规范通过询问"我周围人参与固体废弃物源头分类收集的程度是否对我的参与有影响"来实施。基于计划行为理论提出以下假设。

H3（假设 3）：主观规范与意图呈正相关。

5. 感知行为控制

感知行为控制是通过评估三个项目对受访者在城市固体废弃物源头分类收集活动中的影响来衡量的："我知道如何进行城市固体废弃物源头分类收集。""城市固体废弃物源头分类收集并不复杂和不方便。""有足够的设施进行城市固体废弃物源头分类收集。"由于感知行为控制可能对意图和行为都有直接影响，因此基于计划行为理论提出了以下两个假设。

H4（假设 4）：感知行为控制与意图呈正相关。

H5（假设 5）：感知行为控制与行为呈正相关。

6. 情境因素

情境因素考虑了可能影响个人参与城市固体废弃物源头分类收集的因素。考虑的因素包括没有时间、习惯于混合收集、缺乏奖励/惩罚、缺乏存储空间、源头分类后的混合运输以及缺乏立法/政策的执行。关于计划行为理论情境因素的假设如下。

H6（假设 6）：情境因素与意图呈正相关。

根据提取的平均方差提取值（AVE）、组合信度（CR）和克龙巴赫 α 系数评估

生活垃圾分类收集：理论与实践

TPB 量表的信度(见表 2-1)。表 2-1 表明,所有测量都具有可接受的可靠性。

表 2-1　测量的可靠性评估

影响因素	平均方差提取值	组合信度	克龙巴赫 α 系数
垃圾分类行为	0.640	0.842	0.713
垃圾分类意向	0.524	0.767	0.531
态度	0.659	0.795	0.466
感知行为控制	0.580	0.805	0.636
情景因素	0.551	0.834	0.763

三、数据分析与结果

受访者在年龄、性别、受教育程度、家庭规模和月收入方面的社会经济特征见表 2-2。参与调查的受访者按年龄分类,中间组(19~65 岁)占比 77.1%。设定最低年龄要求是为了确保受访者能够理解问卷并提供答案。出于综合评估的目的,我们的调查还包括非常年轻(小于 19 岁)和非常年长(大于 65 岁)的受访者。这两个群体分别占整体受访者的 14.9% 和 8.1%。女性受访者占比 66%,男性受访者占比 34%。性别占比不平衡可能是由于女性在家庭生活中往往比男性更多地参与家务劳动(包括处理家庭垃圾),因此更愿意参与和家庭垃圾相关的调查。拥有大学学位(本科或研究生)的受访者比例为 48.1%。高达 76.6% 的受访者月收入在 1000 元至 5000 元。月收入低于 1000 元(占比 7.6%)或高于 5000 元(占比 15.7%)的受访者比例很小。

表 2-2　受访者社会经济特征的描述性统计

类别	统计项	频数/人	占比/%
年龄/岁	小于 19	126	14.9
	19~24	195	23.0
	25~36	215	25.4
	37~50	144	17.0
	51~65	99	11.7
	大于 65	69	8.1
性别	男性	286	34.0
	女性	555	66.0

续表

类别	统计项	频数/人	占比/%
	文盲	5	0.6
	小学	64	7.7
	初中	90	10.9
受教育程度	高中	149	18.0
	大专	122	14.7
	本科	280	33.8
	研究生	118	14.3
	1	46	5.6
	2	132	16.1
	3	291	35.5
家庭规模/人	4	177	21.6
	5	122	14.9
	6	39	4.8
	大于6	12	1.5
	0～1000	56	7.6
	1001～3000	353	48.0
月收入/元	3001～5000	210	28.6
	5001～8000	76	10.3
	大于8000	40	5.4

注:表中所列数据已剔除了无效问卷。

表2-3显示了TPB结构与受访者人口统计变量之间的双变量相关性。正如预期的那样,态度、感知行为控制和情境因素都与垃圾分类的意图和行为具有正相关且显著的相关性。在受访者的人口统计因素中,受教育程度与意向呈显著负相关,表明受教育程度较低的受访者参与垃圾分类的意愿较强。

表 2-3　计划行为构造与受访者人口统计数据之间的相关系数

人口统计变量	模型编号										
	1	2	3	4	5	6	7	8	9	10	11
ATT	1	0.034	0.095**	0.057	0.48**	0.2**	0.115**	0.073**	0.01	−0.025	0.001
SN	—	1	0.331**	0.434**	0.022	0.109**	0.012	−0.042	−0.088**	0.027	0.047
PBC	—	—	1	0.371**	0.078**	0.223**	0.005	−0.002	−0.121**	0.043	−0.003
SF	—	—	—	1	0.073**	0.106**	0.026	−0.075*	−0.138**	0.027	0.033
I	—	—	—	—	1	0.167**	0.11*	0.053	−0.079**	0.028	0.01
B	—	—	—	—	—	1	0.059*	0.071*	−0.033	0.083**	−0.018
A	—	—	—	—	—	—	1	0.014	0.070*	−0.209**	0.032
G	—	—	—	—	—	—	—	1	0.035	−0.03	−0.058
E	—	—	—	—	—	—	—	—	1	−0.047	0.161**
HS	—	—	—	—	—	—	—	—	—	1	−0.022
MI	—	—	—	—	—	—	—	—	—	—	1

注：ATT 为态度；SN 为主观规范；PBC 为感知行为控制；SF 为情境因素；I 为意图；B 为行为；A 为年龄；G 为性别；E 为受教育程度；HS 为家庭规模；MI 为月收入；$**p<0.01$，$*p<0.05$。

　　基于上述假设，构建了假设的 TPB 模型，如图 2-3 所示。该 TPB 模型的路径分析是通过使用 SPSS、AMOS 进行的。通过考虑传统的截止标准和模型复杂度，构建的 TPB 模型对数据进行了良好的拟合，自由度（DF）＝3，p＝0.106，比较拟合指数（CFI）＝0.998，近似均方根误差（RMSEA）＝0.035，Bentler-Bonnett 规范拟合指数（NFI）＝0.996，Bollen 增量拟合指数（IFI）＝0.998。

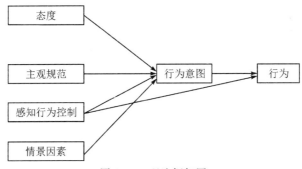

图 2-3　理论框架图

　　表 2-4 总结了路径分析的标准化回归权重（β）。可以看出，"态度"对因变量"意图"产生了积极影响。态度与意图之间的路径系数为 0.69，即受访者态度每增加 1 个单位，其废弃物源头分类意向就会提高 0.69 个单位。"主观规范"和"PBC"

都没有显著影响因变量"意图"。"情境因素"对行为意图有显著的积极影响。路径系数为0.12,表示情境因素每增加1个单位,行为意向就会增加0.12个单位。对于因变量"行为",它受到"意图"和"PBC"结构的显著影响,路径系数分别为0.282和0.291。换言之,受访者意向每增加1个单位,就会导致其废弃物源头分类行为增加0.282(0.291)个单位。

表2-4 路径分析的标准化回归权重

			系数	p 值
意图	←	态度	0.69^*	<0.001
意图	←	主观规范	-0.051	0.892
意图	←	感知行为控制	-0.058	0.88
意图	←	情景因素	0.12^{**}	0.002
行为	←	意图	0.282^{**}	<0.001
行为	←	感知行为控制	0.291^{**}	<0.001

注:$^{**}p<0.01$,$^*p<0.05$。

综上所述,对于源头分类行为的预测,解释了18%的方差。具体而言,意向(标准效应=0.282)和PBC(标准效应=0.275)均对行为有显著的独立影响。而对于意图,其中48%的方差被解释,态度(标准效应=0.69)和情境因素(标准效应=0.12)(而不是主观规范和目标-行动计划-结果)具有显著的直接影响。结果支持H1、H2、H5和H6,同时否定H3和H4。

四、研究结果的讨论

本研究借助计划行为理论分析了影响中国公众对生活垃圾分类收集行为的社会心理因素。除了态度、主观规范和感知行为控制等传统TPB模型中的因素外,还新增了情境因素作为模型的扩展。本研究的发现对垃圾分类政策和相关项目的制定与实施有多方面的启示,从而达到促进公众参与生活垃圾分类的目的。笔者之前的研究显示,尽管全球已有许多关于公众参与生活垃圾分类收集的研究,但对于中国内陆地区,特别是沿海发达地区的相关研究仍然很少,在生活垃圾分类收集的公众行为意图和行为预测方面的研究也相对稀缺。鉴于广西地处中国内陆,其GDP接近全国平均水平,本研究运用计划行为理论在广西进行此项研究,具有重要的研究价值,也填补了现有相关研究的空白。

在所有TPB结构中,态度在意向预测中起着最显著的作用。这一发现与以前的研究一致,它与其他学者的结果没有重叠。在对广州居民垃圾分类行为的研究中也发现,态度对意向的影响最显著,并且这种影响是正向的。这些观察结果反映了一种直觉,即如果对这种行为及其潜在结果没有积极的看法,居民就很难参与城市固体废弃物分类的收集。因此，建议在促进居民对城市固体废弃物分类收集中的意图和行为的过程中，一方面应加强对具有积极态度的居民的支持力度，另一方面应采取措施改变具有消极态度的居民的行为。

促进公众对垃圾分类收集态度的一个有效策略是实施环境教育计划。因此，决策者在设计宣传活动和方案时，应着重培养个体的态度。在桂林，这类宣传活动应重点强调居民对改善自身生活条件的积极看法。同时，除了设计教育计划的实施内容以外，决策者还应该精心设计这些教育计划的实施方案。笔者之前的研究揭示了一系列有效的公共教育传播媒介，如电视、互联网和报纸。其中，在垃圾桶上设置标志，这在文献中被低估了，现在它被确定为一种有效且具有成本效益的方法，可用于教育桂林居民从源头上进行城市固体废弃物分类。因此，建议设计更一致、更清晰、更易于理解的标志，以改变公众态度。

然而，如路径分析所示，态度对行为的标准化总效应仅为 0.194，远小于 PBC（0.274）和意图（0.282）。这一结果再次证实了这样一个事实：具有积极态度的个体不一定会参与相关放弃物的分类。

在这项研究中，主观规范并不是从源头进行废弃物分类意图的重要预测因素。这一观察结果与其他学者的研究结果一致，尽管在中国香港和土耳其的回收行为得出了相反的结论。这可能是因为桂林的废弃物源头分类收集尚未充分建立，无法提供强有力的规范，因此受访者认为他们的废弃物分类行为不会受到巨大的社会压力的影响。

在这项研究中，PBC 并不是受访者行为意图的重要决定因素。然而，它确实在直接影响受访者的行为方面发挥了重要作用。在回收行为方面，挪威、土耳其、古巴的相关学者的研究中也发现了 PBC 的这种显著影响。

除态度以外，情境因素是受访者行为意向的另一个重要决定因素，尽管其影响相对较小。情境因素的重要性再次证实了在传统的 TPB 模型中添加这种额外结构的必要性，正如相关学者的研究所指出的那样，尽管这两篇论文中情境因素的贡献总体上并不显著。

PBC 和情境因素的显著性表明，对于桂林居民来说，感知行为控制和情境因素是影响其从源头上进行城市生活垃圾分类的意图/行为的主要问题。此外，正如学者所指出的，尽管 PBC 和情境因素在废弃物行为的可用资源（如设施）较差的情况下可能更为相关，但 PBC 和情境因素的重要性意味着对桂林居民从源头分类废弃物的支持不足。事实上，笔者之前的研究表明，在桂林，受访者要求进一步改善废弃物管理设施（包括垃圾桶的数量、垃圾桶的位置和垃圾收集频率）。因此，预计获得使城市固体废弃物源头分类更容易的因素会对居民的行为产生影响。这一研究表明，在设计源头分类的收集计划时，应考虑提高公众的可及性和便利性。一些具体措施可能包括增加垃圾分类垃圾桶的数量、简化垃圾分类程序（如限制垃圾分类的类别数目）、加强公众对如何进行废弃物分类的认知。

在这项研究中,还发现受访者的受教育程度与意向呈显著负相关。尽管这一观察结果与文献中的普遍理解相矛盾,但在中国苏州和赞比亚坎帕拉的废弃物源头分类收集研究中也观察到了类似的现象。这可能是因为在桂林,受教育程度较高的受访者在确定其对城市生活垃圾分类收集的意图时,考虑的不仅仅是环境价值。事实上,如表 2-3 所示,受访者的受教育程度与主观标准($\beta=-0.088,p=0.005$)、PBC($\beta=-0.121,p\leqslant0.001$)和情景因素($\beta=-0.138,p<0.001$)之间存在显著的相关性(负相关),这清楚地表明这些受访者在决策上更独立,对潜在障碍更敏感。这一观察结果进一步证明了在设计城市固体废弃物源头分离收集计划时考虑便利性问题的必要性。

五、研究结论

笔者调查了影响中国内陆和欠发达地区城市生活垃圾分类收集公众行为的因素。以广西壮族自治区桂林市为例,基于计划行为理论,建立了一个扩展模型,评估了"态度""主观规范""感知行为控制"和"情境因素"对城市生活垃圾分类采集中公众意向/行为的相对影响。在四种模型结构中,"态度"和"情境因素"是影响公众意向的两个重要因素,而"感知行为控制"和"意向"对废弃物分类行为的影响显著。此外,"感知行为控制"对公众行为的影响最为直接。这些发现有助于确定导致城市固体废弃物分类试点计划实施以来失败的主要因素。对未来城市固体废弃物分类收集计划的影响是,决策者应更加关注废弃物分类的便利性,并开展精心设计的教育活动。具体措施可能包括安装更多的垃圾桶、简化垃圾分类过程、鼓励居民养成垃圾分类习惯、改善源头分类收集和运输系统、执行相关立法和政策以及在社区层面开展更密集的教育活动。

与沿海发达地区不同,中国内陆尤其是欠发达地区在实施生活垃圾分类收集项目上进展缓慢,面临着政府财政预算的制约。因此,对于地方当局来说,寻求具有成本效益的方法,如设计更清晰、更易于理解的垃圾桶标识,变得尤为重要。此外,在这些地区,主观规范对个体垃圾分类意识没有显著影响,部分原因是没有这样的项目。然而,随着未来生活垃圾分类的普及,以及越来越多的人参与垃圾分类,个人可能会感受到来自群体的压力,从而使主观规范在垃圾管理中的重要性增强。

第四节　计划行为理论对垃圾回收行为解释的应用准确性

一、研究方法

(一)荟萃分析

荟萃分析是一种收集、合并和统计分析不同研究结果的方法。荟萃分析既是一种理论,也是一种方法。它起源于 17 世纪的天文学研究,随后,它在 20 世纪初被正式用于医学研究领域。荟萃分析的优势在于它可以突破单一案例研究的局限性,整合单个结论以获得更可靠的结果。荟萃分析的研究结论属于当前循证决策中第一级或第二级高强度证据。因此,荟萃分析在许多研究领域中被广泛使用,以全面分析所研究的不同结论。

目前,与本研究相关的荟萃分析文献很少。阿米蒂奇等探讨了计划行为理论广泛解释社会行为的效率。莫伦和格林斯坦研究了 TPB 在综合环境行为中的解释差异。这两篇文章具有开创性,有助于将荟萃分析引入计划行为理论的行为分析研究中。然而,这两项研究不可避免地存在不足:行为之间存在异质性,不同行为之间的比较是不够的。莫伦和格林斯坦发现:在一项关于 TPB 研究的荟萃分析中,效应大小(荟萃分析中的因变量)受行为类型的影响。异质性问题在荟萃分析中很常见,需要认真对待。只有相似的研究对象才能组合和综合比较。同时,由于缺乏有效的对照实验组,在对社会行为研究进行荟萃分析时常采用随机效应模型。例如,莫伦和格林斯坦使用随机效应模型。然而,无法证明随机效应模型的渐近正态性,这质疑了随机效应方法在荟萃分析中的有效性。

有鉴于此,本研究主要采用荟萃分析方法。本研究的一个特点是,分析对象只关注回收行为,这样才能避免异质性问题,从而得出更可靠的研究结论。采用荟萃回归法代替随机效应法进行更有效的荟萃分析,最终获得影响 TPB 解释垃圾分类行为的关键因素。

(二)理论假设

一些研究表明,行为差异的方向和程度可能是由许多不同的因素引起的。很少有研究人员系统地研究行为对因素大小的影响,例如单纯的测量效应。因此,本研究试图对 TPB 应用准确率解释回收行为的因素进行分类和澄清。

如图 2 - 5 所示,为了全面理解和分析影响 TPB 解释回收行为的潜在因素,我们根据其属性对其进行了分层。研究框架图的右侧由三部分组成:①最上面部分代表大多数文章中提到的可能影响回收行为的因素。它们是基本因素,但不是核心因素,它们与参与者的特征密切相关。②中间部分代表研究设计。一般来说,研究设计本身是主观的,这种主观性的结果也可能影响研究结论。③下面部分代表附加变量的影响。TPB 的结构对研究设计有直接影响,计划行为理论结构的变化也可能会影响研究结果。一般来说,研究设计应遵循计划行为理论的结构,一些导致研究结果差异的因素也会受到研究设计的影响。

1. 社会经济因素

相关学者指出,收入水平和回收行为呈正相关,而哈德勒等发现了一些重要的偏差,例如高收入家庭表现出不良的回收行为。此外,一些研究表明,社会因素会

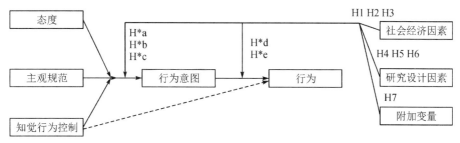

图 2-4 研究框架图

影响心理力量可以合理地假设,回收行为不仅与经济因素有关,还与社会因素有关。整体而言,社会经济因素可能会影响 TPB 对回收行为的应用准确性。杜德克等表明,社会经济因素,包括居住地、经济状况、年龄、性别和受教育程度,影响了规划过程中的行为模式(如线上或线下购买)。在大多数研究中,这些因素被认为会影响回收行为。由于我们研究中的案例来自世界各地,我们将每年的平均收入水平视为每个案例的经济状况。由于平均收入水平与区域经济地位高度相关,我们将居住地和经济地位合并为一个单一的社会经济因素,称为地方经济水平。因此,我们提出了以下假设。

H1:地方经济水平对计划行为理论有影响,以准确解释回收行为。

H1a—H1e:地方经济水平对标准计划行为理论结构的每条路径都有影响。

H2:年龄对 TPB 有影响,以准确解释回收行为。

H2a—H2e:年龄对标准 TPB 结构的每条路径都有影响。

H3:性别对计划行为理论有影响,以准确解释回收行为。

H3a—H3e:性别对标准 TPB 结构的每条路径都有影响。

2. 研究设计因素

研究表明,实证研究的结果会受到样本量、研究对象、研究时间等特定研究特征的影响(可能导致不同的政策、环境条件和市场条件)。曼卡里乌斯等指出,在荟萃回归中,效应大小也受到时间点的调节。因此,我们提出了以下假设。

H4:研究时间对 TPB 有影响,无法准确解释回收行为。

H4a—H4e:研究时间对标准 TPB 结构的每条路径都有影响。

学者认为,公众对建筑垃圾、生活垃圾等不同种类的垃圾处理有不同的态度和行为。奥赖利等表明,公众对回收过程的参与程度因回收物品的种类而异。例如,公众对生活垃圾(如纸板、纸张、有机物)的参与度很高,而电子垃圾在购买替代产品时通常会被回收利用。因此,可以合理地假设不同类型的废弃物可能会影响计划行为理论,以解释回收行为,我们提出以下假设。

H5:废弃物类型对 TPB 有影响,以准确解释回收行为。

H5a—H5e：废弃物类型对标准 TPB 结构的每条路径都有影响。

随着样本量的增加，抽样的随机误差会减小，样本值会逐渐接近整体表现。因此，我们假设当样本量足够大时，TPB 可以更准确地解释回收行为。

H6：增加样本量对 TPB 有积极影响，以准确解释回收行为。

H6a—H6e：样本量的增加对标准 TPB 结构的每条路径都有积极影响。

3. 附加变量因素

TPB 允许将其他变量引入模型，越来越多的研究添加了新变量。当引入附加变量时，通常会出现两种情况：一是找到缺失的变量，从而增强了 TPB 的应用精度；二是找不到缺失的变量。此外，新变量与其他自变量之间可能存在相关性，这增加了多重共线性的风险，降低了 TPB 在回收行为方面的应用准确性。其他变量，如道德规范、过去的经验、情境因素和回收的后果，被认为独立于 TPB 的要素（态度、主观规范、感知行为控制、行为意图和行为），并且对行为意图或行为有直接影响。通常很难找到缺失的变量，因此我们提出了以下假设。

H7：附加变量对 TPB 有负面影响，以准确解释回收行为。

H7a—H7e：附加变量对标准 TPB 结构的每条路径都有负面影响。

（三）变量

1. 因变量

根据研究目的，选择已发表文献中 TPB 结构元素的统计学显著性作为因变量，即 p 值，即荟萃回归中的效应大小。研究表明，经验结果通常取决于对 p 值的判断。统计显著性作为效应量在荟萃分析中的应用也已在相关学者的研究中进行了讨论。p 值将设定为四个显著性水平，即 0.001、0.01、0.05 和无统计显著性。由于案例研究的样本量很大，并且需要更高水平的统计显著性，因此不包括 0.1。

使用 p 值作为因变量存在风险，即当 R^2 的模型非常小时，p 值可能在统计上显著，但这样的统计结果是不可靠的。然而，在我们的研究中，案例中模型的 R^2（解释回收意图：平均值 = 0.5124，标准差 = 0.17；解释回收行为：平均值 = 0.3177，标准差 = 0.13）超过 0.26，这对于行为科学的分析是令人满意的。因此，p 值可以很好地反映 TPB 路径之间的统计相关性。

在统计分析中，3、2、1、0 的值分别表示 0.001 水平、0.01 水平、0.05 水平和统计上不显著的水平。不使用精确 p 值有两个原因：①一些统计上不显著的 p 值过大，会成为统计分析中的异常值，导致统计结果不可靠。②在以前的一些研究中，只报告了统计学显著性水平，但没有报告确切的 p 值。

2. 自变量

根据研究假设，共选取 7 个潜在影响因素作为自变量。这些变量的观测值定义如下：①案例研究中国家或地区的年度人均 GDP 值用于反映当地经济水平；

②由于荟萃分析的对象是案例水平,我们使用样本的平均年龄值来反映案例的年龄特征;③个案研究样本中女性与男性的比例用于反映个案的性别特征;④以个案研究的年份为可变研究时间的观察值;⑤我们将家庭垃圾和电子垃圾定义为二分变量,因为在固体废弃物研究中,家庭垃圾和电子垃圾通常被研究为两种不同类型的废弃物。

(四)材料

本研究以"回收 * "和"计划行为理论 * "为关键词,利用 Web of Science 的所有数据库检索 1980—2021 年 3 月的文件。选择 Web of Science 是因为它是用于分析跨学科、同行评审文献中最强大、最新、最全面、使用最广泛的搜索引擎之一。检索结果共计 330 份相关文件,没有重复。文件筛选过程包括以下五个步骤。

第一步:由于期刊文章通常包含独立和完整的案例研究结果,并且具有较高的研究质量和可信度,因此删除了 26 本图书,保留了 304 篇期刊文章。

第二步:对 304 篇文章进行摘要阅读后,剔除 198 篇与回收行为研究主题不符或未采用 TPB 的文章。我们进一步排除了 2 篇没有全文内容的文章,并保留了 104 篇文章进行深入审查。

第三步:为了尽量减少异质性问题,排除了 21 篇与本研究主题没有充分关系的文章(重点是废弃物分类、升级再造、环保行为和减少废弃物)。

第四步:在 83 篇文章中,以学生(大学生和高中生)为调查对象的文章有 14 篇,以特定职业(空军人员、公司员工、农民、企业家、宗教机构、医务人员)为调查对象的文章有 10 篇,以其他种类的废弃物(废弃衣物、报废汽车、建筑垃圾)为回收对象的文章有 5 篇,无法提取有效实证研究数据(人口统计变量、p 值)的文章有 9 篇。基于避免异质性问题的考虑,这些文章也被排除在研究之外。

第五步:由于阿圭勒等研究的人群是女性,为了防止后续统计分析出现异常值,删除了这 2 篇文章。

最后,我们保留了 43 篇文章作为本研究的数据来源。

(五)数据

对于 43 篇入选文章,我们设计了一个表格,其中包含文章名、作者、年份以及相关变量来记录每篇文章的信息。共获得 57 个使用 TPB 来分析垃圾分类行为的研究案例(在相同的研究条件下,我们将引入附加变量和没有附加变量视为两个独立的研究案例)。当案例数超过 40 时,荟萃回归的结果被认为是可靠的和令人满意的。这些案例分布在全球 25 个国家和地区,在一定程度上可以反映全球研究情况。我们对研究中涉及的变量进行了梳理,基本数据特征如表 2 - 5 所示。

表 2-5　变量的基本数据特征分布表

变量	最小值	最大值	均值	标准差
地方经济水平(以年人均GDP为例)/万美元	0.11	6.25	2.94	1.90
年龄(案例研究中样本的平均年龄)/岁	24	52.36	37.41	7.21
性别(案例研究中的女性与男性的比例)	0.65	2.27	1.32	0.41
研究时间(案例研究的年份)	1993	2018	2011.02	6.01
废弃物类型	0	1	0.18	0.38
样本量/个	113	2004	435.11	384.12
附加变量	0	1	0.70	0.46

二、数据的分析与结果

由于本研究中的因变量是有序的、离散的,因此有序概率(OP)模型是用于有序数据(因变量)分析的可靠统计分析模型,被用于统计估计。然而,当使用OP模型进行估计时,变量符号特征较复杂,系数符号有时不能准确反映变量边际效应的方向。为了解决这个问题,一些研究表明,可以用更直观、更易于理解的最小二乘法(OLS)模型来代替统计估计。由于本研究主要关注变量之间的相关性,因此离散选择方法中OLS和OP模型的估计结果可以相互补充和解释。因此,我们在研究中同时报告了OP和OLS模型的估计结果,统计估计结果如表2-6所示。

表 2-6　OP 和 OLS 模型的统计估计结果

路径	ATT→RI 平均值=2.06 标准差=1.16		SN→RI 平均值=1.50 标准差=1.23		PBC→RI 平均值=1.39 标准差=1.28		RI→RB 平均值=2.25 标准差=0.79		PBC→RB 平均值=1.00 标准差=1.14	
	OP	OLS	OP	OLS	OP	OLS	OP	OLS	OP	OLS
LEL	−0.105 (−0.70)	−0.135 (−1.02)	0.045 (0.37)	0.019 (0.16)	0.417*** (3.30)	0.407*** (3.36)	0.407* (1.71)	0.201 (1.41)	0.326** (1.99)	0.182 (1.33)
A	0.053** (2.15)	0.037* (1.77)	−0.034 (−1.47)	−0.029 (−1.35)	−0.031 (−1.44)	−0.035* (−1.70)	−0.003 (−0.04)	0.000 (0.00)	0.022 (0.45)	0.009 (0.32)
G	1.71*** (3.86)	1.18*** (3.76)	0.535 (1.00)	0.389 (0.80)	0.137 (0.33)	0.184 (0.50)	1.10 (0.76)	0.335 (0.53)	−5.00*** (−3.06)	−1.88*** (−3.39)
RT	0.000 (0.00)	−0.004 (−0.15)	0.107*** (3.40)	0.089*** (3.10)	0.056* (1.68)	0.057* (1.82)	0.019 (0.29)	0.008 (0.18)	0.017 (0.20)	0.022 (0.60)
WT	1.65*** (2.94)	1.23*** (3.34)	0.332 (0.80)	0.269 (0.66)	0.302 (0.54)	0.182 (0.34)	0.879 (1.19)	0.343 (1.11)	−7.54# (−8.10)	−1.55# (−3.93)
SS	0.069 (0.22)	0.051 (0.22)	0.409* (1.68)	0.336 (1.51)	0.678* (1.93)	0.706* (1.90)	0.558 (1.34)	0.312 (1.18)	1.75*** (2.72)	0.767** (2.43)

续表

路径	ATT→RI		SN→RI		PBC→RI		RI→RB		PBC→RB	
	平均值=2.06		平均值=1.50		平均值=1.39		平均值=2.25		平均值=1.00	
	标准差=1.16		标准差=1.23		标准差=1.28		标准差=0.79		标准差=1.14	
AV	-1.03^{***}	-0.831^{***}	-0.367	-0.338	-1.05^{***}	-0.970^{***}	-2.33^{**}	-0.896^{**}	0.045	-0.274
	(-2.56)	(-3.02)	(-0.98)	(-0.96)	(-2.98)	(-2.94)	(-2.36)	(-2.25)	(0.04)	(-0.49)
R^2	0.427		0.317		0.317		0.406		0.733	

注:ATT 为态度;SN 为主观规范;PBC 为感知行为控制;RI 为回收意向;RB 为回收行为;LEL 为地方经济水平;A 为年龄;G 为性别;RT 为研究时间;WT 为废物类型;SS 为样本量;AV 为附加变量;R^2 为决定系数;$^*p<0.1$,$^{**}p<0.05$,$p<0.01$。

（一）路径统计显著性分析

如表 2-6 所示,TPB 理论模型中元素间路径的统计显著性并不完全相同。事实上,它们显然是不同的。ATT、SN、PBC、RI 和 RB 的路径之间存在不同程度的相关性,包括不相关的。实证研究中的研究特征可能会产生不同的研究结果。通过比较路径统计显著性的平均值,发现 ATT→RI(平均值＝2.06,标准差＝1.16)和 RI→RB(平均值＝2.25,标准差 ＝ 0.79)具有最高的统计学显著性。结果表明,对于回收行为,个体回收态度越积极,个体回收意愿越强;个体回收意愿越强,个体回收行为转变的可能性就越大。对于 SN 和 PBC,在三条路径 SN→RI(平均值 ＝ 1.50,标准差 ＝ 1.23)、PBC→RI(平均值 ＝ 1.39,标准差 ＝ 1.28)和 PBC→RB(平均值 ＝ 1.00,标准差 ＝ 1.14)中,统计学显著性程度最低。作为解释垃圾分类行为的预测因子,PBC 和 SN 的解释效果相对较差。

（二）假设检验

在社会学和心理学研究中,0.1 的统计显著性值在统计分析中也被认为是可靠的。在许多研究中,显著性水平为 0.1 的发现被视为其研究的重要发现 。因此,本研究的分析中纳入了 0.1 的统计学显著性水平。

在研究时,当地经济水平、年龄、性别、废弃物类型、样本量和其他变量在不同程度上表现出统计学上的显著影响,支持 H1、H2、H3、H4、H5、H6 和 H7 的每个部分。其中,样本量(SN→RI,$p<0.1$;PBC→RI,$p<0.1$;PBC→RB,$p<0.01$)和附加变量(ATT→RI,$p<0.01$;PBC→RI,$p<0.01$;RI→RB,$p<0.05$)是对计划行为理论应用精度有显著影响的变量。当地经济水平影响了 PBC 的路径(PBC→RI,$p<0.01$;PBC→RB,$p<0.05$),还影响了回收意愿和行为之间的转换(RI→RB,$p<0.1$)。年龄 (ATT→RI,$p<0.05$;PBC→RI,$p<0.1$)、性别(ATT→RI,$p<0.01$)和废弃物类型(ATT→RI,$p<0.01$)基本上只影响回收意愿,与回收行为的统计学显著性关系较小(PBC→RB,$p<0.01$)。研究时间对 SN($p<0.01$)和 PBC($p<0.1$)有影响。

　　此外，本研究还分析了受教育程度，因为许多研究表明，受教育程度对回收行为具有预测作用。由于 57 个案例中有 19 个案例的分析不涉及受教育程度，因此对其余 38 个案例进行了回归分析。分析结果表明，受教育程度对计划行为理论结构路径影响不显著。

（三）测量的进一步研究

　　虽然上述模型（$R^2 > 0.26$）具有相对令人满意的解释力，但仍然存在一些无法解释的差异。曼卡里乌斯等表示，目前尚不清楚使用 TPB 的结果差异是测量效应还是研究设计效应。我们使用回归分析方法来探索测量效果，结果如表 2 - 7 所示。

表 2 - 7　OP 和 OLS 模型的统计估计测量结果

路径	ATT→RI 平均值=2.08 标准差=1.13		SN→RI 平均值=1.61 标准差=1.19		PBC→RI 平均值=1.63 标准差=1.25		RI→RB 平均值=2.18 标准差=0.81		PBC→RB 平均值=1.07 标准差=1.07	
	OP	OLS	OP	OLS	OP	OLS	OP	OLS	OP	OLS
Likert	-0.120 (-0.32)	-0.239 (-0.72)	-0.135 (-0.33)	-0.256 (-0.72)	-0.028 (-0.07)	0.020 (0.05)	0.387 (0.61)	0.166 (0.35)	-0.180 (-0.16)	-0.293 (-0.27)
NATT	-0.004 (-0.06)	0.000 (0.00)								
NSN			0.071 (0.65)	0.073 (0.70)						
NPBC					-0.099 (-1.36)	-0.117 (-1.44)			-0.115 (-0.66)	-0.073 (-0.39)
NRI	0.257* (1.83)	0.221* (1.99)	0.463*** (2.95)	0.381*** (3.65)	-0.099 (-0.74)	-0.104 (-0.78)	0.464* (1.66)	0.211* (1.81)		
NRB							-0.053 (-0.77)	-0.030 (-0.60)	0.140 (0.57)	0.104 (0.61)
R^2	0.099		0.312		0.064		0.219		0.113	

注：NATT 为 ATT 的计量项数；NSN 为 SN 的测量项目数；NPBC 为 PBC 的计量项目数；NRI 为 RI 的测量项目数；NRB 为 RB 的测量项目数；使用 Likert（李克特）的 5 点法定义为"0"，使用 Likert 的 7 点法定义为"1"；*$p < 0.1$，**$p < 0.05$，$p < 0.01$。

　　在大多数案例研究中，TPB 测量结果并未完全遵循原作者的模型作为参考，研究人员用不同数量的题项测量了 TPB 中的变量。结果发现，随着测量题项的增加，ATT→RI（$p < 0.1$）、SN→RI（$p < 0.01$）和 RI→RB（$p < 0.1$）等几条路径都达到了统计学显著水平（见表 2 - 7）。从统计估计结果可以看出，以前的一些案

例研究在衡量回收意愿方面不够准确,这是应用 TPB 来解释回收行为差异的重要来源。

三、研究结果的讨论

本研究的目的是探索影响 TPB 解释回收行为的因素。回顾 57 个研究案例的结论,发现 TPB 并不总是准确执行。态度、主观规范、PBC、回收意愿和回收行为之间路径的统计学意义并不相同,实际上被认为差异很大。然而,这项研究支持了 TPB 在解释回收行为方面的应用准确性,除非我们发现的因素得到了很好的处理。

(一)改进主观规范、感知行为控制和意图的测量

我们发现,主观规范在解释回收行为方面效果不佳,这与另一项关于 TPB 的荟萃分析的结果一致。然而,我们不同意主观规范的结论:规范可能确实对以特定方式行事的意图影响不大。有证据表明,随着时间的流逝,路径 SN→RI 之间的关系变得越来越强。近年来,随着各国对环境的关注,规范的作用也随之显现,主观规范仍然很重要。问题在于,以往许多关于主观规范测量的研究并不能准确反映人们对规范的遵守情况。研究人员认为,主观规范在 TPB 中被概念化,它源自规范的人群。我们发现,许多研究案例仅将家庭成员或朋友视为规范来源的群体。然而,这种测量对 SN→RI 的统计学显著性水平较低。从个体角度看,以社区、市政当局、环境群体为规范源群。因此,我们认为应扩大主观规范测量的范围。同时,"大多数人"并不是衡量主观规范的好术语。尽管它在许多案例研究中使用,但它显示出较低的统计学意义。原因是只有参与者确定的群体才能成为规范的来源群体。一般来说,主观规范的测量应设置为参与者确定的多个群体,例如社区、市政当局、同事或学习伙伴(不仅仅是家庭成员和朋友)。

我们还发现,涉及 PBC 的两条路径具有最低的统计学意义。在 TPB 应用的早期,PBC 被定义为"一个人对行为表现的难易程度的信念",即感知难度。我们研究中的大多数案例都遵循这一概念,但结果并不稳定。研究表明,即使在回收方面存在一些困难,也不能假设这些困难会导致较低的 PBC 水平。克拉夫特等还发现,感知困难不能很好地解释回收行为。因此,感知难度在任何情况下都不能准确反映 PBC 在回收行为方面的表现。当困难被认为不可克服(行为不履行)时,PBC 将变得重要。换句话说,这个困难是在采取行动之前必须克服的障碍。在这种情况下,感知到的困难将更准确地解释行为。但是,如果家庭回收的困难只是一个假设,而不是必须克服的困难,那么回收行为可能无法解释。戴维斯等支持我们的结论。

随着 TPB 的发展,越来越多的研究人员意识到 PBC 是由多个组件组成的,而不是由单个维度组成的。就对行为表现的感知控制而言,感知控制是多个组成部

分之一。我们发现，在案例研究中，使用感知控制来反映 PBC 或根据感知控制添加其他内容以反映 PBC，均显示出 PBC→RI 和 PBC→RB 的统计学显著性水平。这表明感知控制是预测回收行为的重要因素。特拉菲莫夫等认为，对于某些行为，人们会考虑执行起来有多难。对于其他行为（如回收行为），人们会考虑性能是可控的还是不可控的。因此，为了提高 PBC 在解释回收行为方面的应用准确性，应将感知控制作为测量维度之一。

回收意愿的测量问题与主观规范相似，这是我们研究的一个重要发现。在一些研究案例中，衡量回收意愿的项目太少（有时只有一个项目，例如"你分类的可能性"），这使得测量无法准确反映参与者的心理表现。正如 PBC 是一种多维结构的可能性已被许多研究证明一样，我们的研究提出了意图也具有多维结构的可能性，至少有两个意图测量需要注意。一是回收意向包括许多独立的意图，例如打算将废弃物放入储藏室和打算将废弃物带到回收箱，需要更具体的项目来反映它们。二是需要对习惯性意图和短期意图进行分类，这通常会导致计划行为理论的应用产生不同的效果。例如，那些回收大部分废弃物的人比那些不回收或很少回收的人具有更强的 ATT→RI 关系。意向的测度值得思考，测度的不准确性可能是意向对行为的解释效果不足的重要原因。

（二）选择合理的样本量

在大多数情况下，当使用 TPB 来解释回收行为时，小样本量会导致偏差，尽管有时小样本可以反映良好的统计结果。从表 2 - 6 可以看出，在一行样本量中，所有数据在统计上都是正的。其中，SN→RI（$p < 0.1$）、PBC→RB（$p < 0.1$）和 PBC→RB（$p < 0.01$）三条路径均达到统计学显著水平。这表明，随着样本量的增加，TPB 各结构元间路径的统计显著性呈增加趋势。因此，如果样本量足够大，TPB 可以准确地用于解释回收行为。那么，多大的样本量适合 TPB 准确解释回收行为呢？学者认为，当使用 TPB 进行路径分析时，最小样本量应为 210。同时，由于统计结果是随机的，我们不能使用单个样本量作为观察的基础。因此，我们使用 210 作为最小样本量，使用 20、40、50、80、100、150、200、250、300 作为区间划分量表，以发现样本量与应用准确性之间的规律性。由于案例的样本量范围太大（范围从 113 到 2004），当使用 200 作为区间尺度时，可以相对均匀地包含所有样本量。因此，观测结果更可靠。

样本量增加后，统计无显著性的概率逐渐降低。当样本数量大于 600 时，统计非显著性概率达到最小值。此外，SN→RI 和 RI→RB 中统计非显著性的概率均降至 0。同时，除 RI→RB 路径外，所有具有高度统计显著性的概率（$p < 0.001$）都增加到最大值。由于测量误差的存在，很难确保所有路径在统计上都不是非显著性或高度统计显著性。通过对过去案例研究的综合分析，可以发现，当样本量达到 600 时，可以排除大多数不可靠的统计结果。因此，我们认为在研究中选择这种

样本量可以使TPB在解释回收行为方面具有良好的应用准确性。

（三）仔细考虑附加变量

本研究发现，总体而言，引入附加变量实际上显著降低了TPB解释回收行为的应用准确性。表2-6表明，在附加变量下，几乎所有数据在统计上都是负的。这并不意味着额外的变量不能提高TPB在解释回收行为方面的应用准确性，而是需要仔细考虑。特别是，我们应该找到在以前的研究中引入额外变量不可靠的原因。

由于缺乏一个标准来评估在TPB模型中引入附加变量是否可靠，因此我们基于TPB模型可靠的前提创建了一个标准，当没有标准误差时，它的每一条路径都应该具有统计学意义。因此，如果引入附加变量导致TPB模型的路径在统计上不显著，则此类附加变量是值得怀疑的。它们可能会干扰TPB模型中的其他变量，导致路径在统计上不显著，如理论背景和假设部分所述。需要注意的是，在某些情况下，协变量的存在会降低自变量的影响。然而，TPB模型中的其他变量不是协变量，它们本质上是自变量。

如表2-8所示，当引入后果/结果、过去的行为、个人规范和社会规范时，大多数路径在统计学上不显著。引入这些附加变量可能不可靠，主要原因是附加变量与TPB的标准元素之间可能存在高度相关性，这种相关性引起的多重共线性可能导致TPB路径在统计学上变得不显著。一些额外的变量对回收行为的影响可能是间接的，并通过TPB的标准元素来进行调节。当引入道德规范时，ATT→RI在统计学上不显著。现有的关于道德规范作用的研究有两个结论：一是道德规范对行为意向有直接影响，因此独立于标准TPB成分，可以作为附加变量；二是道德规范的影响大多是间接的，并通过态度预测器作为中介，因此它不能用作附加变量。我们的研究支持后一种观点。同样，过去习惯性行为和政策的影响也大多是间接的。过去的习惯性行为可以通过PBC影响意图。感知到的政策有效性可能在主观规范和回收意愿之间起调节作用。

表2-8 统计上其他变量的非显著路径

附加变量	非显著路径			
	ATT→RI	SN→RI	PBC→RI	PBC→RB
后果/结果	●	●	●	●
过去的行为	●	●	●	●
道德规范	●	●	●	○
社会规范	●	●	○	●
自我认同	○	○	●	●

	非显著路径			
情境因素	○	●	●	○
对社会的关注	○	●	●	○
方便或不便	○	○	●	○
感知到缺乏设施	○	○	●	○
个人规范	●	●	●	○
邻里识别	○	○	○	●

注：出现一次的附加变量可能是随机的，因此不会被报告。此处报告了至少出现两次的其他变量。"●"表示当路径不具有统计显著性时，附加变量至少出现两次。"○"表示附加变量不会导致路径在统计上不显著。

此外，感知到的缺乏设施本质上是一种便利感，在统计学上并不显著。在引入便利或不便利作为附加变量后，路径 PBC→RI 在统计学上仍然不显著。因此，我们认为便利性可能与 PBC 密切相关。学者指出，回收利用的便利性是 PBC 的一个组成部分。自我认同的引入导致了统计学上不显著的路径，这也与 PBC 有关。卡斯特罗等使用以下指标来衡量自我认同："我喜欢把自己想象成一个有生态意识的人。""我回收我的金属废料，因为我感觉到我个人为保护环境做出了贡献。""我认为自己是一个积极致力于环境事业的人。"很容易理解，自我认同与感知信心高度相关，而自信是 PBC 的一个组成部分。目前的研究表明，自我认同在 PBC 和 TPB 结构的意图之间具有调节作用。

在某些情况下，我们的研究也证实引入额外的变量可能是有益的。例如，当道德义务作为附加变量引入时，所有路径都具有统计学意义。为了保证引入的附加变量足够可靠，必须提前解决多重共线性问题，以保留标准 TPB 结构中路径的统计显著性，这样可以提高 TPB 的应用精度。需要注意的是，本研究认为，附加变量与 TPB 标准要素之间的高度相关性可能是导致 TPB 路径不显著的情境变量增加的主要原因之一。在未来的研究中，值得我们探索其他潜在原因。

（四）调查区域、参与者特征和废弃物类型

可以发现，在应用 TPB 来解释不同经济水平、不同参与者特征和废弃物类型的回收行为时，存在偏差。因此，为了准确应用 TPB 来解释回收行为，有必要拓宽研究区域的地理选择，并平衡参与者的性别和年龄结构。此外，计划行为理论的研究结论可能只限于特定的经济水平、地区、特定人群或特定的废弃物回收行为。

应该指出的是，尽管一些研究发现，受教育程度较高的人更有可能参与废弃物回收，但其他人发现两者之间没有关系。我们的研究结果表明，一般而言，受教育

程度与回收行为之间可能没有直接关系。我们认为,需要考虑受教育程度背后的经济因素。例如,受教育程度低的人通常经济状况较差,可能更愿意回收利用具有经济效益的东西;受教育程度高的人可能会更多地考虑他们的时间成本,并且很可能容易忽略经济效益相对较低的东西(如废弃物回收)。随着受教育程度的提高,路径 PBC→RI 可能很显著($\beta=1.31, p=0.262$)。拥有更多的知识和技能可以使人减少对困难的感知,这是 PBC 的多个组成部分之一,从而轻松提高人们的回收行为意愿。

四、研究结论

本章采用荟萃分析方法,探讨了社会经济学、研究设计、理论建构和测量因素对计划行为理论五条要素路径的影响。研究结果发现,本研究和过去的案例研究结果有很大不同。本研究得出以下结果。

(1)由于测量范围较窄,主观规范的解释效果相对较差。

(2)因为没有考虑感知控制的测量,所以 PBC 的解释效果最差。对于回收行为,应考虑行为的可控性。

(3)测量回收意向的项目太少,这意味着测量无法准确反映参与者的心理表现。

(4)随着样本量的增加,TPB 在解释回收行为方面的应用准确性提高。大多数现有研究的样本量太小,无法获得稳定的结果。适当的样本量不得少于 600,这一发现可用于减少标准误差对统计显著性的影响。

(5)引入额外的变量并不能有效提高 TPB 在解释回收行为方面的应用准确性。在某些情况下,它甚至可能大大降低应用精度。主要原因是大多数其他变量与标准 TPB 结构的元素高度相关。

(6)研究时间、当地经济水平、参与者特征和废弃物类型对 TPB 解释回收行为的应用准确性有影响。

学者表示,如果用计划行为理论来解释一些不适用的行为,计划行为理论的解释就会不合适。我们的研究表明,如果这些影响因素得到妥善控制,计划行为理论升级,其适用性也会增强。

为了改善计划行为理论在垃圾分类行为研究中的应用,我们提出以下建议:①除了家庭成员和朋友外,主观规范的测量还应包括其他群体,如社区、市政当局、同事或学习伙伴。事实上,“大多数人”并不是衡量主观规范的合适术语。②PBC 的测量需要涉及感知控制。③在意向的测量中应包括更多项目,并区分习惯性意图和短期意图。④研究设计中选择的样本量不应少于 600 个。⑤必须谨慎使用附加变量。每次引入附加变量时,都必须提前测试标准 TPB 模型。如果某些路径的统计显著性大大降低,则意味着新引入的变量可能不合适。此外,还需要对引入的附加变量进行多重共线性检验。⑥有必要扩大研究领域的地理选择,平衡参与者的性别和年龄分布。同时,研究对象应有针对性,即研究对象应仅关注特定类型的废弃物。

第五节　章节总结

本章深入探讨了计划行为理论在实际案例中的应用,为理解和优化垃圾分类政策提供了理论和实证基础。本章共分为以下三个主要部分。

(1)计划行为理论和社会认知理论在社会科学研究中对于解释和预测个体行为选择及其执行过程具有重要意义。计划行为理论着眼于个体行为意图的形成和行为决策过程。该理论主张个体的行为意图主要由三个核心因素决定:态度、主观规范和感知行为控制。态度反映了个体对特定行为结果的评价,主观规范则指他人对行为的期望以及个体对这些期望的重视程度,感知行为控制则涉及个体对行为是否具有控制能力的感知。例如,在研究垃圾分类行为时,一个人是否支持垃圾分类(态度)、周围社区的期望和压力(主观规范)以及垃圾分类设施的便利性(感知行为控制),这些因素将共同影响其是否会选择参与垃圾分类和如何进行垃圾分类。相比之下,社会认知理论更侧重于环境和社会因素对个体行为的塑造作用。该理论认为,个体通过观察和模仿他人的行为来进行学习和做出决策的过程。社会认知理论强调了观察学习和自我效能感的重要性。观察学习指个体通过观察他人的行为、态度和结果来进行学习和模仿的过程。而自我效能感则指个体对于自己能够成功执行某项行为的信念程度。在垃圾分类的背景下,社会认知理论可以解释为何一些人会通过模仿家人或社区榜样的方式,更倾向于参与垃圾分类,因为他们观察到他人的行为并相信自己也能够有效地执行这一行为。计划行为理论和社会认知理论各有其独特优势和适用领域。计划行为理论在社会科学中的应用较为广泛,特别是在解释和预测个体决策行为方面具有显著优势。它通过量化态度、主观规范和感知行为控制之间的关系,提供了较为精确的行为预测能力,适用于消费行为、健康行为、环保行为等多个领域。相比之下,社会认知理论则更加强调环境和社会因素对个体行为的直接影响,适合于教育、领导研究以及行为变革等方面的研究。该理论通过实验和观察等方法,探讨和测量个体在不同社会环境中的行为反应,从而为理解和干预复杂的行为模式提供深入的理论支持。总结来说,通过深入探讨计划行为理论和社会认知理论,为理解和解释个体行为选择提供了丰富的理论基础和方法论支持。这些理论不仅解释了行为背后的心理机制,还为政策制定者和社会干预者提供了有效的策略和工具,以推动积极的行为变革和社会发展。在未来的研究和实践中,需要进一步探索和整合这些理论,以应对日益复杂和多样化的社会挑战,促进个体和社会共同发展。

(2)在深入了解计划行为理论的基础上,本研究对该模型进行了拓展,并结合广西壮族自治区桂林市的案例进行了实证研究。桂林市地处我国内陆,其经济水平接近全国平均水平,具有较高的代表性。通过对848份有效问卷的收集和分析,运用路径分析方法,本研究探讨了态度、主观规范、感知行为控制以及情境因素对居民垃圾分类行为的影响。研究发现,个体的态度在形成垃圾分类行为意图和执行实际行为中起着至关重要的作用。态度反映了个体对垃圾分类行为的积极或消极评价,包括他们对垃圾分类重要性的认知以及对行为可能产生的直接或间接影响的看法。在研究中,态度被证实是预测垃圾分类意图的主要因素,具有显著的正向效应。

此外,主观规范在垃圾分类行为中也扮演了重要角色。主观规范指的是他人对个体进行垃圾分类行为的期望和社会压力,如家人、朋友、邻居和社区的态度和期望。研究表明,个体对他人期望的感知以及对这些期望的重视,显著地影响了他们的垃圾分类行为意图和实际表现。感知行为控制是影响垃圾分类行为的另一个关键因素。它涉及个体对执行特定行为所需控制能力和资源的感知。在垃圾分类的情境中,这包括对垃圾分类设施的便利性、所需时间和精力的投入等方面的认知。研究结果显示,增强感知行为控制有助于提升个体的垃圾分类行为意图和执行率。此外,情境因素也对垃圾分类行为产生了显著影响。这些因素包括个体所处的社会和物理环境,如社区垃圾分类设施的便利性、政府和社区组织的支持以及垃圾分类政策的实施情况等。这些因素直接影响个体的垃圾分类行为,并间接通过改变个体的态度和感知行为控制,影响其行为意图和实际表现。总体而言,对拓展后的计划行为理论进行验证,为提高垃圾分类效率和推动环境保护提供了理论和实证支持。通过路径分析,本研究不仅验证了计划行为理论模型在解释垃圾分类行为中的适用性,还揭示了各因素间复杂的相互作用。这些发现对于制定有效的环境政策和社会干预措施具有重要的指导意义,并为未来相关研究提供了理论框架和方法论基础。

(3)本研究对计划行为理论的准确性进行实证检验,采用了荟萃分析方法来探讨社会经济因素、研究设计、理论建构和测量因素对TPB理论元素中五条路径的影响。

①主观规范在解释效能方面受到测量范围的限制,导致其相对较差的解释效果。主观规范作为TPB理论中的关键因素之一,反映了个体对社会期望和他人看法的态度。研究显示,由于测量工具的局限性,有时难以全面准确地捕捉到个体的主观规范。

②感知行为控制在实证研究中展现出最低的解释效能。感知行为控制指个体对于执行某项行为是否具备控制能力的感知程度,其影响了个体的行为意图和实际行为。由于缺乏对感知控制的全面测量,研究发现感知行为控制在解释行为意

图和实际行为方面的效果并不显著，这反映了在实证研究中需要更为精准和全面的感知控制测量工具的重要性。

③对于回收意向的测量条目数量较少，这导致测量结果未能准确地反映被试者的心理表现。回收意向是TPB理论中的重要变量之一，直接影响个体是否选择参与回收。然而，由于测量条目数量不足，研究结果未能全面捕捉到个体在回收意向上的复杂心理状态，这提示在未来研究中应增加更多的测量维度和方法，以更准确地反映个体的行为意图和决策过程。

④随着样本量的增加，TPB理论在实证应用中的准确性有所提高，推荐样本量不低于600个。样本量作为实证研究中的关键因素，直接影响到研究结果的稳定性和泛化能力。研究结果显示，较大的样本量有助于减少抽样误差、提高研究结果的可靠性，特别是在路径分析和结构方程模型等复杂分析方法中，样本量的充足性显得尤为重要。

⑤在大多数情况下，引入额外变量会降低TPB理论的应用准确性。这表明，在解释和预测行为选择时，应尽量保持理论模型的简洁性和纯粹性，避免引入过多的外部因素和变量，以免混淆或削弱理论模型的解释效能。

综上所述，本研究通过荟萃分析方法对TPB理论的实证检验进行了深入探讨，揭示了其在不同条件下的应用准确性及其影响因素。这些研究结果为理解和优化TPB理论在解释和预测个体行为选择中的应用提供了重要的实证基础和指导意义，同时也为未来相关研究和实践提供了理论框架和方法论建议。

| 第三章 | 基于 PMC 指数模型的垃圾分类政策量化分析 |

第一节　问题与意义

随着全球城市化的快速推进和人口密度的日益增加,城市生活垃圾处理问题日渐凸显,严重的垃圾污染已经成为影响全球城市可持续发展和居民生活质量的重要因素。作为世界上最大的发展中国家,自改革开放以来,中国的经济得到了快速发展。然而,伴随着城镇化进程的加快,中国产生的生活垃圾量也呈爆炸式增长。据统计,2022 年中国城市生活垃圾产生量为 25793 万吨,大量的垃圾对环境造成了严重影响,制约了中国的可持续发展,处理生活垃圾产生的温室气体也在逐年增多,这些都不利于节能减排和"双碳"目标的实现。垃圾分类作为减少垃圾量、降低碳排放量以及提升资源回收利用率的重要手段,其实施效果直接影响到资源循环利用和城市的可持续发展。

近年来,中国高度重视生活垃圾的处理处置工作。党的十九大报告对"加快生态文明体制改革,建设美丽中国"做出重要部署,报告中明确提出了"加强垃圾处置"的要求。党的二十大报告强调要积极稳妥地推进碳达峰、碳中和,有计划地分步骤实施碳达峰行动。为了建立健全生活垃圾分类制度和生活垃圾处理系统、改善人居环境,2017 年以来,我国逐步实施城市生活垃圾强制分类政策,生活垃圾管理进入了一个新的阶段。比如,为深入贯彻习近平总书记关于生活垃圾分类工作的系列重要批示、指示精神,2017 年 3 月,中华人民共和国国家发展和改革委员会联合中华人民共和国住房和城乡建设部发布《生活垃圾分类制度实施方案》,对垃圾分类工作提出具体要求和实施指导意见,确定北京、天津、上海等 46 个重点城市先行实施生活垃圾分类政策;2017 年 12 月,中华人民共和国住房和城乡建设部颁布了《关于加快推进部分重点城市生活垃圾分类工作的通知》,加快推进了 46 个重点城市生活垃圾分类工作。在中央政策的指导下,地方政府开始了垃圾分类的推行工作。2019 年 7 月 1 日,上海市率先实施最严格的垃圾分类新政策,开启了中国垃圾分类的新篇章。此后,中国多个城市陆续加入垃圾分类的行列。

然而,由于中国生活垃圾分类起步晚,城市生活垃圾分类政策总体上仍处于初步试行阶段,面临着政策制定不够科学、垃圾分类相关法律法规不健全、公众参与度不高、执行力度不足、分类标准不统一等问题。这些问题的存在，不仅削弱了垃圾分类政策的效果，也降低了政策实施的社会效益。

而垃圾分类政策作为解决这一问题的有效途径之一，其实施效果直接关系到资源回收利用率和垃圾处理成本，具有重大的社会、经济及环境意义。因此，为了有效评估垃圾分类政策的实施情况，优化政策设计，提高政策执行效果，需要采用科学的方法和工具对政策实施进行量化评价和分析。政策一致性（policy modelling consistency，PMC）指数模型作为一种综合评价模型，能够从多个维度全面量化评价政策的实施效果，为政策调整和优化提供科学依据。通过引入 PMC 指数模型，能够定量地评估垃圾分类政策的效果，揭示政策实施的优点和不足，从而为政策制定者和执行者提供更为精准的决策参考。

鉴于此，在"垃圾围城"等问题日益严重、城市生活垃圾分类工作仍处于初步试行阶段、垃圾分类政策并不是十分完善的背景下，为了进一步完善中国垃圾分类相关政策，缩小政策实际效果与预期效果的差距，本章结合文本挖掘技术，通过构建 PMC 指数模型对中国垃圾分类政策进行系统性梳理和量化评价。通过分析中国现行垃圾分类政策的优劣势，提出针对性的政策建议，为未来优化、调整和完善垃圾分类政策提供一定的科学依据，从而有效地推进城市生活垃圾分类工作，促进资源的高效利用和节能减排工作的顺利开展，助力国家"双碳"目标的实现。

第二节　数据收集与选取

一、选取 46 个重点城市的依据

2017 年，中华人民共和国国家发展和改革委员会联合中华人民共和国住房和城乡建设部颁布了《生活垃圾分类制度实施方案》，对垃圾分类工作提出了具体要求和实施指导意见，确定了北京、天津、上海等 46 个重点城市先行实施生活垃圾分类。同年底，中华人民共和国住房和城乡建设部发布的《关于加快推进部分重点城市生活垃圾分类工作的通知》强调到 2020 年底前，46 个垃圾分类试点城市应当基本建成生活垃圾分类处理系统。为此，46 个重点城市纷纷响应国家政策，采取一系列有效措施，并先后颁发了多项垃圾分类政策，积极稳定地推进城市生活垃圾分类工作有序进行。由于这 46 个城市为国家重点试点城市，率先积极响应国家垃圾分类政策的号召，颁发了多项垃圾分类政策，因此，本研究选取这 46 个重点城市颁布的生活垃圾分类政策为研究对象。通过研究各试点城市的政策内容，发掘其政策优劣势，从特殊到一般，通过试点到推广经验，以期为中国其他城市推进垃圾分类工作提供借鉴。本研究所选取的 46 个重点城市名单如表 3-1 所示。

表 3 - 1 46 个重点城市名单

省份	城市	数量
山东	济南、青岛、泰安	3
四川	成都、德阳、广元	3
安徽	合肥、铜陵	2
福建	福州、厦门	2
广东	广州、深圳	2
河北	邯郸、石家庄	2
湖北	武汉、宜昌	2
江苏	南京、苏州	2
江西	南昌、宜春	2
辽宁	大连、沈阳	2
陕西	西安、咸阳	2
西藏	拉萨、日喀则	2
浙江	杭州、宁波	2
北京	北京	1
甘肃	兰州	1
广西	南宁	1
贵州	贵阳	1
海南	海口	1
河南	郑州	1
湖南	长沙	1
吉林	长春	1
宁夏	银川	1
青海	西宁	1
山西	太原	1
上海	上海	1
天津	天津	1
新疆	乌鲁木齐	1
云南	昆明	1
重庆	重庆	1
黑龙江	哈尔滨	1
内蒙古	呼和浩特	1

二、垃圾分类政策文本的选择

（1）本研究在选取城市生活垃圾分类相关政策时，以"生活垃圾"和"垃圾分类"为关键词，从46个重点城市政府网站、城市住房和城乡建设局网站、北大法宝法律数据库等政策平台进行检索，共获得801份生活垃圾分类政策文件。

（2）根据时效性、代表性、有效性和权威性等原则，最终筛选出105项对垃圾分类政策内容有着重要影响的核心政策文本并整理形成数据库。主要筛选原则和过程如下。

①在发文主体方面，仅采用省市级的政策文本，即发文单位为试点城市政府，区级政策都与上级政策相似，故不予以采用。

②在相关性层面，政策内容包含与生活垃圾分类相关的信息，排除政策内容同生活垃圾分类相关性不强或文件中只体现关键词却无实质政策内容的政策文本。

③在政策文本类型方面，通过获取政策原文，经过人工筛查，剔除"函"、"回复"、"征求意见"、"公告"、座谈会、行政许可批复、司法解释、立法资料、法律动态等非正式政策文本或者政策内容不完整的文本，以确保政策内容的代表性、准确性和有效性。

④时效性，即政策文本现行有效。2017年是46个重点城市开启垃圾分类工作年，因此政策发文方面仅选择2017—2023年各城市颁布的各项政策。

因此，根据以上原则和标准对政策文本进行进一步筛选，最终梳理得到了105项有效的核心垃圾分类政策样本，如表3-2所示。

表3-2　生活垃圾分类政策

序号	文件名称	公布时间
1	北京市人民政府办公厅关于加快推进生活垃圾分类工作的意见	2017-10-30
2	成都市人民政府办公厅关于印发2022年成都市生活垃圾分类提标提质工作方案的通知	2022-05-23
3	大连市人民政府办公厅关于印发大连市城市生活垃圾分类三年滚动计划(2018—2020年)的通知	2018-07-18
4	德阳市生活垃圾分类管理办法(2023修订)	2023-03-16
5	福州市生活垃圾分类管理条例	2019-09-26
6	广元市人民政府关于印发《广元市城市生活垃圾分类工作实施方案》的通知	2018-02-12
7	贵阳市人民政府办公厅关于印发贵阳市2020年生活垃圾分类工作实施方案的通知	2020-04-09

续表

序号	文件名称	公布时间
8	哈尔滨市城市生活垃圾分类管理办法	2020 - 02 - 01
9	海口市人民政府办公室关于印发《生活垃圾分类和减量两年行动方案（2020—2021）》的通知	2020 - 07 - 31
10	邯郸市人民政府办公厅关于印发邯郸市生活垃圾分类工作实施方案（2018—2020 年）的通知	2018 - 03 - 19
11	合肥市人民政府办公厅关于印发合肥市生活垃圾分类工作实施方案的通知	2018 - 03 - 31
12	呼和浩特市生活垃圾分类管理办法	2020 - 08 - 30
13	济南市人民政府办公厅关于印发济南市 2019—2020 年垃圾分类工作实施方案的通知	2019 - 11 - 08
14	昆明市城市生活垃圾分类管理办法	2019 - 01 - 18
15	拉萨市城市生活垃圾分类管理办法	2020 - 09 - 30
16	兰州市人民政府办公厅关于印发兰州城市生活垃圾分类制度实施方案的通知	2018 - 01 - 30
17	南昌市人民政府办公厅关于印发南昌市 2020 年生活垃圾分类工作推进方案的通知	2020 - 08 - 02
18	南宁市人民政府办公室关于印发南宁市生活垃圾分类"十四五"发展规划的通知	2021 - 12 - 15
19	南京市政府办公厅关于转发市城管局南京市农村生活垃圾分类实施方案（2017—2020 年）的通知	2017 - 11 - 14
20	宁波市人民政府关于贯彻《宁波市生活垃圾分类管理条例》的实施意见	2019 - 09 - 30
21	青岛市生活垃圾分类管理办法	2020 - 12 - 05
22	日喀则市生活垃圾分类管理办法	2020 - 08 - 17
23	厦门市人民政府办公厅关于印发厦门市生活垃圾分类和减量工作方案的通知	2016 - 04 - 22
24	上海市生活垃圾管理条例	2019 - 01 - 31
25	深圳市生活垃圾分类管理条例	2020 - 07 - 03
26	沈阳市生活垃圾分类管理办法（2021 修正）	2021 - 07 - 20
27	石家庄市人民政府办公室关于印发《石家庄市生活垃圾分类运输分类处置工作实施方案》的通知	2020 - 03 - 25

第三节　构建 PMC 指数模型

一、变量分类与参数识别

本研究通过借助 Nvivo 文本挖掘软件对数据库中的 105 项政策文本进行预处理,将输入的结果进行词频统计,并且过滤掉"垃圾分类""生活垃圾""政策"等主题词和"结合""以上"等对研究无明显意义的高频政策常用词,进而形成了垃圾分类政策的高频主题词。为了能更直观地呈现出政策文本的核心结构,本研究构建出了垃圾分类政策共现高频词云图,如图 3-1 所。

图 3-1　垃圾分类政策共现高频词云图

此外,选择了前 60 个最常见、最相关的词进行进一步的分析和参考,如表 3-3 所示。

表 3-3　政策文本中有效词的统计频率

词汇	频率/次	词汇	频率/次
管理	9773	卫生	769
工作	5920	区域	1232
单位	2934	宣传	743
规范	3180	改正	720
收集	2688	设置	856
部门	2600	推进	687

续表

词汇	频率/次	词汇	频率/次
回收	2054	标准	1333
运输	2254	条例	605
投放	2023	活动	793
贯彻	3022	行政	601
建设	1757	物业	598
环境	1831	加强	747
处置	1549	实行	1565
设施	1698	组织	1083
制度	1520	居民	525
城市	1383	场所	806
处理	2539	提供	631
人民政府	1283	违反	509
资源	1231	纳入	505
主管	1219	罚款	505
方案	1613	法律	498
建立	1193	鼓励	495
服务	1057	方式	493
责任	1140	教育	512
利用	2071	国家	603
社会	955	办法	485
企业	936	参与	517
有害	787	发展	495
法规	780	个人	460
制定	778	执法	453

根据表 3-3 中的前 60 个高频词,可以总结出我国垃圾分类政策的重点集中在以下几个方面。

(1)规范化管理。例如,对收集、运输、投放、处理和处置等操作进行规范化管理,制定标准和规范,形成一套完整的管理体系和法律、法规体系,确立垃圾分类管理条例,等等。

（2）责任管理。明确政府、主管部门及单位责任，规范各自在垃圾分类中的作用和管理工作。

（3）社会动员。例如，强调宣传教育与社会参与，通过教育活动和社区宣传工作提高居民的垃圾分类投放意识；鼓励社会各界参与，鼓励企业积极参与，增强企业的社会责任。

（4）资源回收。强调资源的回收和利用，尤其是有害垃圾的安全回收与处置。

在对上述垃圾分类政策高频词进行全面总结与分类的基础上，本研究借助埃斯特拉达等关于 PMC 指标体系构建的相关文献，并结合政策实际和自身特质构建了一个包含 10 个一级变量和 40 个二级变量的垃圾分类政策量化评价指标体系，如表 3 - 4 所示。

表 3 - 4　垃圾分类政策量化评价指标体系及评价标准

一级变量	二级变量	二级变量评价标准
政策时效 $X1$	长期 $X1:1$	政策是否涉及 5 年以上内容，是为 1，否为 0
	中期 $X1:2$	政策是否涉及 3～5 年以上内容，是为 1，否为 0
	短期 $X1:3$	政策是否涉及 3 年以下内容，是为 1，否为 0
政策性质 $X2$	预测 $X2:1$	政策是否涉及预测，是为 1，否为 0
	监管 $X2:2$	政策是否涉及监管，是为 1，否为 0
	建议 $X2:3$	政策是否涉及建议，是为 1，否为 0
	描述 $X2:4$	政策是否涉及描述，是为 1，否为 0
	指导 $X2:5$	政策是否涉及指导，是为 1，否为 0
政策领域 $X3$	经济 $X3:1$	政策是否涉及经济领域，是为 1，否为 0
	政治 $X3:2$	政策是否涉及政治领域，是为 1，否为 0
	社会 $X3:3$	政策是否涉及社会领域，是为 1，否为 0
	科技 $X3:4$	政策是否涉及科技领域，是为 1，否为 0
	环境 $X3:5$	政策是否涉及环境领域，是为 1，否为 0
政策客体 $X4$	政府部门 $X4:1$	政策的作用对象是否涉及政府部门，是为 1，否为 0
	企业 $X4:2$	政策的作用对象是否涉及企业，是为 1，否为 0
	个人 $X4:3$	政策的作用对象是否涉及个人，是为 1，否为 0
	其他 $X4:4$	政策的作用对象是否涉及其他，是为 1，否为 0

一级变量	二级变量	二级变量评价标准
政策评价 $X5$	依据充分 $X5:1$	政策制定的依据是否充分,是为 1,否为 0
	目标明确 $X5:2$	政策设定的目标是否明确,是为 1,否为 0
	方案科学 $X5:3$	政策实施的方案是否科学,是为 1,否为 0
	责任明确 $X5:4$	政策规定的责任是否明确,是为 1,否为 0
政策功能 $X6$	规范指导 $X6:1$	政策是否具有规范指导的功能,是为 1,否为 0
	制度约束 $X6:2$	政策是否具有制度约束的功能,是为 1,否为 0
	环境保护 $X6:3$	政策是否具有环境保护的功能,是为 1,否为 0
	技术创新 $X6:4$	政策是否具有技术创新的功能,是为 1,否为 0
	贯彻落实 $X6:5$	政策是否具有贯彻落实的功能,是为 1,否为 0
保障措施 $X7$	法律保障 $X7:1$	政策是否涉及法律保障,是为 1,否为 0
	人才培养 $X7:2$	政策是否涉及人才培养,是为 1,否为 0
	经验推广 $X7:3$	政策是否涉及经验推广,是为 1,否为 0
	资金支持 $X7:4$	政策是否涉及资金支持,是为 1,否为 0
	税收 $X7:5$	政策是否涉及税收,是为 1,否为 0
政策范围 $X8$	国家 $X8:1$	政策涉及范围是否为国家,是为 1,否为 0
	区域 $X8:2$	政策涉及范围是否为区域,是为 1,否为 0
	行业 $X8:3$	政策涉及范围是否为行业,是为 1,否为 0
	企业 $X8:4$	政策涉及范围是否为企业,是为 1,否为 0
政策重点 $X9$	规范化管理 $X9:1$	政策重点是否涉及规范化管理,是为 1,否为 0
	责任管理 $X9:2$	政策重点是否涉及责任管理,是为 1,否为 0
	社会动员 $X9:3$	政策重点是否涉及社会动员,是为 1,否为 0
	资源回收 $X9:4$	政策重点是否涉及资源回收,是为 1,否为 0
政策公开 $X10$	无	政策是否公开,是为 1,否为 0

二、建立多投入产出表

多投入产出表作为一种量化垃圾分类政策的基本文本分析框架,可量化主要变量的值,并为 PMC 指数模型的构建提供具体的数据分析框架。在结合垃圾分类政策变量分类与参数识别的基础上建立多投入产出表,如表 3-5 所示。此外,基于"万物皆动"假设,通过设置每个主变量或子变量具有相同的权重,尽可能地平衡每个变量的影响。为了进一步增强政策评价结果的科学性与可靠性,在根据表 3-5 对各二级变量进行赋值的过程中,只有待评价政策文本能够非常清晰地描述二级变量的内容时,相应的变量取值才能为 1。

表 3-5　多投入产出表

一级变量	二级变量
$X1$	$X1{:}1, X1{:}2, X1{:}3$
$X2$	$X2{:}1, X2{:}2, X2{:}3, X2{:}4, X2{:}5$
$X3$	$X3{:}1, X3{:}2, X3{:}3, X3{:}4, X3{:}5$
$X4$	$X4{:}1, X4{:}2, X4{:}3, X4{:}4$
$X5$	$X5{:}2, X5{:}1, X5{:}3, X5{:}4$
$X6$	$X6{:}1, X6{:}2, X6{:}3, X6{:}4, X6{:}5$
$X7$	$X7{:}1, X7{:}2, X7{:}3, X7{:}4, X7{:}5$
$X8$	$X8{:}1, X8{:}2, X8{:}3, X8{:}4$
$X9$	$X9{:}1, X9{:}2, X9{:}3, X9{:}4$
$X10$	$X10$

三、计算 PMC 指数

PMC 指数的测量过程如下:一是将表 3-4 中的变量放入表 3-5 的多投入产出表中;二是运用文本挖掘技术并结合公式(3-1)和(3-2)计算多投入产出表(表 3-5)中二级变量的具体数值;三是根据公式(3-3)计算各一级变量的具体数值;四是根据公式(3-4)计算待评价政策的 PMC 指数,即各项政策一级变量数值的加总。其中,t 为一级变量,j 为二级变量,T 为二级变量的个数。

$$X \sim N[0,1] \tag{3-1}$$

$$X = \{XR : [0 \quad 1]\} \tag{3-2}$$

$$X_t \left(\sum_{j=1}^{n} \frac{X_{tj}}{T(X_{tj})} \right) \qquad t = 1,2,3,\cdots \tag{3-3}$$

$$\mathrm{PMC} = \left| \begin{aligned} &X1\left(\sum_{j=1}^{3}\frac{X_{tj}}{3}\right) + X2\left(\sum_{j=1}^{5}\frac{X_{tj}}{5}\right) + X3\left(\sum_{j=1}^{5}\frac{X_{tj}}{5}\right) + \\ &X4\left(\sum_{j=1}^{4}\frac{X_{tj}}{4}\right) + X5\left(\sum_{j=1}^{4}\frac{X_{tj}}{4}\right) + X6\left(\sum_{j=1}^{5}\frac{X_{tj}}{5}\right) + \\ &X7\left(\sum_{j=1}^{5}\frac{X_{tj}}{5}\right) + X8\left(\sum_{j=1}^{4}\frac{X_{tj}}{4}\right) + X9\left(\sum_{j=1}^{4}\frac{X_{tj}}{4}\right) + X10 \end{aligned} \right| \tag{3-4}$$

PMC 指数的计算结果可为判断政策的一致性水平提供有力支撑。根据得分数值的大小,将垃圾分类政策质量等级划分为四个档次,分别为完美、优秀、可接受和不良,如表 3 - 6 所示。

表 3 - 6　政策等级划分标准

PMC 指数得分	档次划分
0～4.99	不良
5.00～6.99	可接受
7.00～8.99	优秀
9.00～10.00	完美

而根据一级变量得分值的大小,可将垃圾分类政策指标中的一级变量等级也划分为四个档次,分别为完美、优秀、可接受、不良。

四、绘制 PMC 曲面图

在完成上述三个步骤以后,需要根据 PMC 指数绘制 PMC 曲面图,以更直观地反映我国垃圾分类政策的整体面貌。本项目中共有 10 个一级变量,其中,政策公开($X10$)没有设置二级变量且在各项政策中的取值均为 1,考虑到矩阵的对称性特点,对此变量进行剔除,最终将保留的 9 个一级变量组成一个 3×3 矩阵。

$$PMC \text{曲面} = \begin{bmatrix} X1 & X2 & X3 \\ X4 & X5 & X6 \\ X7 & X8 & X9 \end{bmatrix} \tag{3-5}$$

第四节　实 证 分 析

一、垃圾分类政策的评估对象

本研究从 105 项垃圾分类政策数据库中进行政策样本的选取,为了确保研究全面且具有代表性,最终选取了北京(华北地区)、沈阳(东北地区)、上海(华东地区)、武汉(华中地区)、广州(华南地区)、成都(西南地区)和西安(西北地区)这 7 个具有代表性的试点城市的垃圾分类政策进行评估,选择原因如下。

(1)这 7 个城市是中华人民共和国国家发展和改革委员会联合中华人民共和国住房和城乡建设部确定的中国垃圾分类试点城市,涉及中国 7 大地理区域。这些城市不但涵盖了中国的主要地理区域,也代表了不同的城市规模和经济发展水平,有助于深入理解中国垃圾分类政策的实施状况及其面临的挑战和机遇。

(2)北京作为中国垃圾分类工作的先行者之一,自 2019 年执行较为严格的垃圾分类政策以来,已建立了较为完善的垃圾分类投放、收集、运输和处理体系。北京市政府通过公众教育、法律法规等手段,使居民的垃圾分类意识得到了显著提高。北京市在垃圾分类政策的引领和实施方面起到了重要的示范作用。

（3）沈阳作为东北地区的重要城市,垃圾分类工作也在逐步推进。政府通过加强政策宣传和居民教育,鼓励居民积极参与垃圾分类。但与南方城市相比,其实施力度和居民参与度仍有提升的空间。

（4）上海是中国垃圾分类实施最为严格和成效显著的城市。自2019年7月实施垃圾分类新政策以来,上海已形成较为成熟的垃圾分类体系,居民垃圾分类意识高,垃圾分类准确率不断提高。

（5）武汉作为华中地区的重要城市,近年来也在加大垃圾分类工作力度,通过规范垃圾分类标准、提高垃圾处理能力来推动垃圾分类工作进程,在城市管理和环境保护方面的措施可为其他城市提供借鉴。

（6）广州是华南地区的重要中心城市,其垃圾分类政策的实施对周边城市有很大的影响力。广州在垃圾分类方面取得了一定的成效,通过立法、政策推动和社区动员等措施,提高了垃圾分类执行效率和居民参与度。

（7）成都作为西南地区的一个代表,在生活垃圾分类的推进方面展现了相对较好的示范效应。成都在推进生活垃圾分类方面也显示出较强的执行力,如依靠政策引导、公众教育和技术支持等措施,正逐步建立起适应本地实际的垃圾分类体系,但仍需要时间观察其长远效果。

（8）西安作为西北地区具有代表性的大城市,在垃圾分类方面的政策及其实施情况对研究中国地北地区的垃圾分类工作现状具有参考意义。西安近年来加快垃圾分类工作推进步伐,通过政策制定、设施建设和广泛宣传等措施,提升了垃圾分类的整体水平。作为西北地区的标杆,西安在垃圾分类方面取得了一定成效,但同样面临着提升居民参与度和垃圾处理能力的挑战。

以上7大试点城市在垃圾分类政策执行上都取得了一定的成绩,但也面临着诸多挑战,可为我国其他城市的垃圾分类政策提供经验借鉴。接下来需要通过PMC指数模型对每项垃圾分类政策进行具体分析,通过量化评价分析各项政策的优劣势,并提出有针对性的策略。

表 3-7　垃圾分类政策评价对象

编号	文件名称	公布时间
P1	北京市人民政府办公厅关于加快推进生活垃圾分类工作的意见	2017-10-30
P2	北京市生活垃圾分类推进工作指挥部办公室关于印发关于加强本市大件垃圾管理的指导意见的通知	2021-06-28
P3	沈阳市生活垃圾分类管理办法（2021修正）	2021-07-20

续表

编号	文件名称	公布时间
P4	上海市生活垃圾管理条例	2019 - 01 - 31
P5	上海市生活垃圾分类减量推进工作联席会议办公室关于印发《上海市 2023 年生活垃圾分类工作实施方案》的通知	2023 - 03 - 10
P6	武汉市人民政府办公厅关于进一步提高生活垃圾分类可回收物回收利用水平的通知	2019 - 12 - 26
P7	武汉市人民政府办公厅关于印发武汉市生活垃圾分类三年实施方案(2022—2024 年)的通知	2022 - 09 - 22
P8	武汉市生活垃圾分类管理办法(2022 修改)	2022 - 10 - 04
P9	广州市生活垃圾分类管理条例(2020 修正)	2020 - 08 - 20
P10	成都市人民政府办公厅关于加快推进生活垃圾分类助推践行新发展理念的公园城市示范区建设的意见	2021 - 01 - 21
P11	成都市人民政府办公厅关于印发 2022 年成都市生活垃圾分类提标提质工作方案的通知	2022 - 05 - 23
P12	西安市人民政府办公厅关于印发《西安市城市生活垃圾分类三年行动方案》的通知	2017 - 05 - 26
P13	西安市人民政府办公厅关于印发进一步加强生活垃圾分类工作实施方案的通知	2022 - 09 - 02

二、计算垃圾分类政策的 PMC 指数

基于上述步骤,将这 13 项垃圾分类政策的样本数据输入多投入产出表,结果如表 3 - 8 所示,并在此基础上分别计算出 P1—P13 的 PMC 指数 ,如表 3 - 9 所示。

表 3 - 8　13 项垃圾分类政策的多投入产出表

一级变量	二级变量	P1	P2	P3	P4	P5	P6	P7	P8	P9	P10	P11	P12	P13
$X1$	$X1_{:1}$	1	0	0	0	0	1	0	0	0	0	0	1	0
	$X1_{:2}$	1	1	1	1	0	1	1	0	1	1	0	1	0
	$X1_{:3}$	1	1	1	1	1	1	1	1	1	1	1	1	1
$X2$	$X2_{:1}$	0	0	0	0	0	0	0	0	0	0	0	0	0
	$X2_{:2}$	0	0	1	1	0	0	0	1	1	0	0	0	0

一级变量	二级变量	P1	P2	P3	P4	P5	P6	P7	P8	P9	P10	P11	P12	P13
	$X2:3$	1	1	0	0	1	1	1	0	0	1	1	1	1
	$X2:4$	0	0	1	1	0	0	1	1	1	0	0	0	0
	$X2:5$	1	1	1	1	1	1	1	1	1	1	1	1	1
$X3$	$X3:1$	0	1	1	1	0	1	1	1	1	1	0	0	1
	$X3:2$	0	0	0	0	1	0	0	0	0	0	0	0	0
	$X3:3$	1	1	1	1	1	1	1	1	1	1	1	1	0
	$X3:4$	1	0	0	1	1	1	0	1	1	0	0	0	0
	$X3:5$	1	1	1	1	1	1	1	1	1	1	1	1	1
$X4$	$X4:1$	1	1	1	1	1	1	1	1	1	1	1	1	1
	$X4:2$	0	0	1	1	0	0	0	0	1	0	0	0	0
	$X4:3$	0	0	1	1	0	0	0	0	1	0	0	0	0
	$X4:4$	1	1	1	1	1	0	0	0	1	0	0	0	0
$X5$	$X5:1$	1	1	1	1	0	0	0	1	1	0	1	1	0
	$X5:2$	1	0	0	1	1	1	1	0	0	1	1	1	0
	$X5:3$	0	0	0	0	1	0	1	0	0	0	1	1	1
	$X5:4$	1	1	1	1	1	1	1	1	1	1	1	1	1
$X6$	$X6:1$	1	1	1	1	1	1	1	1	1	1	1	1	1
	$X6:2$	1	1	1	1	1	1	0	1	1	1	1	1	1
	$X6:3$	1	1	1	1	1	1	1	1	1	1	1	1	1
	$X6:4$	1	0	0	1	1	1	0	1	1	1	1	0	1
	$X6:5$	1	1	0	0	1	1	1	0	0	1	1	1	1
$X7$	$X7:1$	0	1	1	1	1	0	1	1	1	1	1	1	1
	$X7:2$	0	0	0	0	1	0	1	0	0	0	0	1	0
	$X7:3$	1	0	0	1	1	0	1	0	1	1	1	1	1
	$X7:4$	1	0	0	1	1	1	1	0	1	1	1	1	1
	$X7:5$	0	0	0	0	0	0	0	0	0	1	0	0	0
$X8$	$X8:1$	0	0	0	0	0	0	0	0	0	0	0	0	0
	$X8:2$	1	1	1	1	1	1	1	1	1	1	1	1	1
	$X8:3$	0	1	1	1	1	1	1	1	1	1	1	0	1
	$X8:4$	1	1	1	1	1	1	1	1	1	1	1	1	1

一级变量	二级变量	P1	P2	P3	P4	P5	P6	P7	P8	P9	P10	P11	P12	P13
$X9$	$X9{:}1$	1	1	1	1	1	1	1	1	1	1	1	1	1
	$X9{:}2$	1	1	1	1	1	1	1	1	1	1	1	1	1
	$X9{:}3$	1	1	1	1	1	1	1	1	1	1	1	1	1
	$X9{:}4$	1	1	1	1	1	1	1	1	1	1	1	1	1
$X10$	$X10$	1	1	1	1	1	1	1	1	1	1	1	1	1

表 3 - 9　13 项垃圾分类政策的 PMC 指数

一级变量	P1	P2	P3	P4	P5	P6	P7	P8	P9	P10	P11	P12	P13	均值
$X1$	1.00	0.67	0.67	0.67	0.33	1.00	0.67	0.33	0.67	0.67	0.33	1.00	0.33	0.64
$X2$	0.40	0.52	0.63	0.63	0.37	0.67	0.63	0.48	0.63	0.52	0.37	0.67	0.37	0.56
$X3$	0.60	0.60	0.60	0.80	0.80	0.80	0.60	0.80	0.80	0.60	0.40	0.40	0.40	0.63
$X4$	0.50	0.50	1.00	1.00	0.50	0.25	0.25	0.25	1.00	0.25	0.25	0.25	0.25	0.48
$X5$	0.75	0.50	0.50	0.75	0.75	0.50	0.75	0.50	0.50	0.50	1.00	1.00	0.5	0.65
$X6$	1.00	0.80	0.60	0.80	1.00	1.00	0.60	0.80	0.80	1.00	1.00	0.80	1.00	0.86
$X7$	0.40	0.20	0.20	0.60	0.80	0.20	0.80	0.20	0.60	0.80	0.60	0.80	0.60	0.52
$X8$	0.50	0.75	0.75	0.75	0.75	0.75	0.75	0.75	0.75	0.75	0.75	0.50	0.75	0.71
$X9$	1.00	1.00	1.00	1.00	1.00	1.00	1.00	1.00	1.00	1.00	1.00	1.00	1.00	1.00
$X10$	1.00	1.00	1.00	1.00	1.00	1.00	1.00	1.00	1.00	1.00	1.00	1.00	1.00	1.00
PMC 指数	7.53	6.54	6.95	8.00	7.30	7.17	7.05	6.11	7.75	7.09	6.70	7.42	6.20	6.91
排名	3	11	9	1	5	6	8	13	2	7	10	4	12	
等级	优秀	可接受	可接受	优秀	优秀	优秀	优秀	可接受	优秀	优秀	可接受	优秀	可接受	

三、绘制垃圾分类政策的 PMC 曲面图

根据公式（3-5），得到 13 项垃圾分类政策样本的 PMC 矩阵，如表 3-10 所示。

表 3 - 10　**13 项垃圾分类政策的 PMC 矩阵**

政策	P1			P2			P3			P4		
PMC 矩阵	1.00	0.40	0.60	0.67	0.52	0.60	0.67	0.63	0.60	0.67	0.63	0.80
	0.50	0.75	1.00	0.50	0.50	0.80	1.00	0.50	0.60	1.00	0.75	0.80
	0.40	0.50	1.00	0.20	0.75	1.00	0.20	0.75	1.00	0.60	0.75	1.00
政策	P5			P6			P7			P8		
PMC 矩阵	0.33	0.37	0.80	1.00	0.67	0.80	0.67	0.63	0.60	0.33	0.48	0.80
	0.50	0.75	1.00	0.25	0.50	1.00	0.25	0.75	0.60	0.25	0.50	0.80
	0.80	075	1.00	0.20	0.75	1.00	0.80	0.75	1.00	0.20	0.75	1.00
政策	P9			P10			P11			P12		
PMC 矩阵	0.67	0.63	0.80	0.67	0.52	0.60	1.00	0.67	0.40	0.33	0.37	0.40
	1.00	0.50	0.80	0.25	0.50	1.00	0.25	1.00	0.80	0.25	0.50	1.00
	0.60	0.75	1.00	0.80	0.75	1.00	0.80	0.50	1.00	0.60	0.75	1.00
政策	P13											
PMC 矩阵	0.64	0.56	0.63									
	0.48	0.65	0.86									
	0.52	0.71	1.00									

　　为了能够更加直观地分析和对比各项政策的优劣势，基于 PMC 矩阵进行 PMC 曲面图的绘制，如图 3 - 2 所示。其中，曲面图中的 1、2、3 代表三维矩阵横坐标值，系列 1、系列 2、系列 3 代表三维矩阵纵坐标值，矩阵的变量可以用曲面图的坐标系来表示，如变量 $X1$ 的坐标系为(1，系列 1)。可以看出，不同凹陷程度代表变量所对应的不同指数得分，曲面越处于三维坐标的较高水平、曲面的凹陷度越小，说明政策涉及的指标越全面、政策评价等级越高。

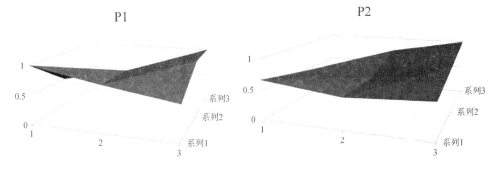

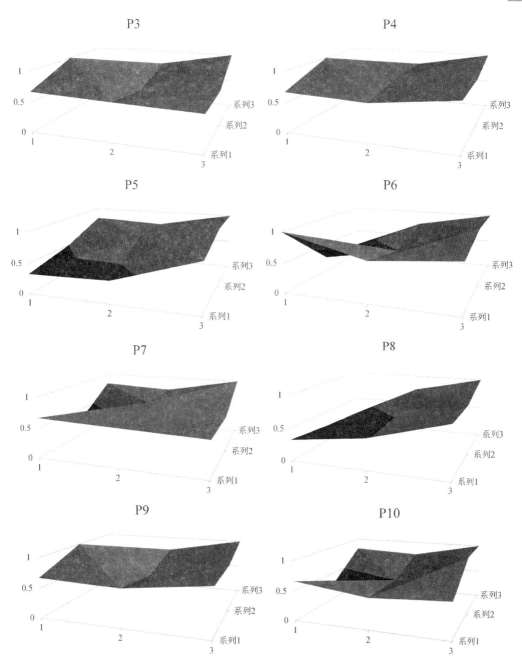

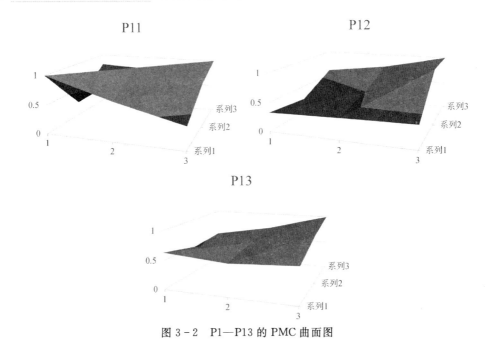

图 3 - 2   P1—P13 的 PMC 曲面图

四、垃圾分类政策量化评价与分析

(一)总体政策评价

根据以上 13 项垃圾分类政策 PMC 指数的计算结果(表 3 - 9)以及相应的 PMC 曲面图(图 3 - 2)来看,PMC 指数得分区间为[6.11,8.00],均值为 6.91,政策水平为可接受水平。其中,P1、P4、P5、P6、P7、P9、P10、P12 均为优秀水平,其余为可接受水平,说明这 7 个垃圾分类试点城市颁布的 13 项垃圾分类政策总体质量较好,具有一定的科学性与合理性,可为未来我国垃圾分类政策的设计提供一定的指导性建议。同时,这 7 个垃圾分类试点城市的政策重点主要集中在规范化管理、责任管理、社会动员和资源回收这四个方面。图 3 - 3 反映了这 13 项垃圾分类政策的 PMC 指数得分的总体趋势,从图中可以看出,P4、P9 和 P1 这三项政策 PMC 指数得分别列于前三,而这三项垃圾分类政策分别是上海、广州、北京这三个发达城市所颁布的,政策质量在所有 46 个垃圾分类试点城市中总体上是最好的,这反映了垃圾分类政策质量与城市经济水平有关。

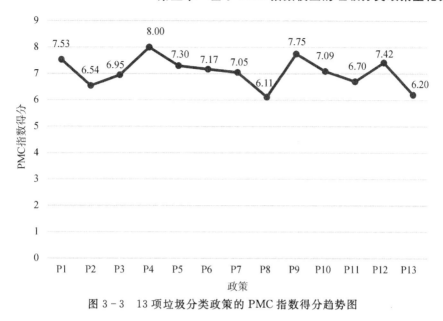

图 3-3　13 项垃圾分类政策的 PMC 指数得分趋势图

　　为了更加有效地分析和对比不同政策间的差异性,接下来需要根据不同的政策级别对这 13 项垃圾分类政策的量化评价结果进行深入分析,以期为我国垃圾分类政策制定的科学化与合理化提供有针对性的建议与改进路径。

(二)量化评价我国 13 项垃圾分类政策

1.北京市垃圾分类政策评价分析

　　P1、P2 作为试点城市北京市颁布的政策,其 PMC 指数分别为 7.53 和 6.54,在 13 项垃圾分类政策中排名分别为第 3 和第 11,政策等级分别为优秀水平与可接受水平,表明北京市垃圾分类政策的质量参差不齐,仍存在很大的改进空间。

　　比如,P1 排名第 3,这是由北京市人民政府办公厅颁布的关于推进生活垃圾分类工作的一项政策,其 PMC 指数为 7.53,高于总体均值,政策等级为优秀水平。由图 3-4 可看出,除了政策公开 $X10$ 外,P1 的政策时效 $X1$、政策功能 $X6$、政策重点 $X9$ 指标得分均为满分,属于完美水平;而政策性质 $X2$、政策领域 $X3$、政策客体 $X4$、保障措施 $X7$、政策范围 $X8$ 指标得分较低,其中政策性质 $X2$ 和保障措施 $X7$ 是该政策最大的失分项,得分仅为 0.40,政策变量等级属于不良表现水平。具体来说,这是一项具有短中长期规划的环境政策,具有指导性作用,能为北京市政府相关部门推进垃圾分类工作提供指导性建议。此外,该政策依据充分、目标明确、责任明确,政策功能完善,而且政策侧重于规范化管理、责任管理、社会动员和资源回收这四个方面。然而,该政策也有其不足之处。首先,该政策在预测性、监管性和描述性不足,可能会降低政策效力。其次,该政策受众范围较小,政策作用对象仅涉及政府部门,忽视了企业、科研院校及个人等其他受众者的重要性,政策客体单一是影响垃圾分类回收利用效率的重要因素。最后,该政策方案不科学、保障措施不足,亟须将法律保障、人才培养和税收这三个政策工具纳入政策激励范畴,以激励更多的政策客体参与到我国垃圾分类回收利用活动中。因此,P1的参考性改进路径为 X2—X7—X8—X4。

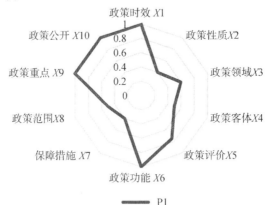

图 3 - 4　P1 一级变量指标得分雷达图

就 P2 而言,其 PMC 指数为 6.54,低于总体均值,在这 13 项垃圾分类政策中排名第 11,政策评价等级为可接受水平。这是由北京市垃圾分类推进工作指挥部办公室印发的关于加强本市大件垃圾管理的一项政策。由图 3 - 5 可看出,除了政策公开 X10 外,只有政策重点 X9 指标得分为满分,属于完美水平;而政策性质 X2、政策客体 X4、政策评价 X5、保障措施 X7 指标得分较低,其中保障措施 X7 是该政策最大的失分项,得分仅为 0.20,政策变量等级属于不良表现水平。具体来说,这是一项短中期规划的政策,政策范围覆盖经济、社会、环境领域,具有指导性作用,能为北京市政府相关部门推进大件垃圾管理提供指导性建议。此外,该政策依据充分、责任明确,政策功能完善,而且政策侧重于规范化管理、责任管理、社会动员和资源回收这四个方面。然而,该政策也有其不足之处。首先,该政策缺乏长期规划,且政策预测性、监管性和描述性不足,可能会降低政策效力。其次,该政策作用对象范围小,政策作用对象仅涉及政府部门,忽视了企业、科研院校及个人等其他受众者的重要性,政策客体单一是影响垃圾分类回收利用的重要因素。最后,该政策目标不明确、缺乏科学的方案、保障措施不足,亟须将人才培养、经验推广、资金支持和税收这四个政策工具纳入政策激励范畴,以激励更多的政策客体参与到我国垃圾分类回收利用活动中。因此,P2 的参考性改进路径为 X7—X5—X4—X2。

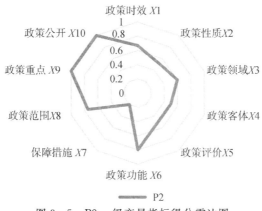

图 3 - 5　P2 一级变量指标得分雷达图

2. 沈阳市垃圾分类政策评价分析

P3 作为试点城市沈阳市颁布的垃圾分类政策,在 13 项垃圾分类政策中排名第 9,其 PMC 指数为 6.95,高于总体均值,政策评价等级为可接受水平。这是沈阳市于 2021 年颁布的生活垃圾分类管理办法的一项政策。由图 3 - 6 可看出,除了政策公开 X10 外,只有政策客体 X4、政策重点 X9 这两项指标得分为满分,属于完美水平;而政策性质 X2、政策领域 X3、政策评价 X5、政策功能 X6 以及保障措施 X7 指标得分较低,其中保障措施 X7 是该政策最大的失分项,得分仅为 0.20,政策变量等级属于不良表现水平。具体来说,这是一项短中期规划政策,政策范围覆盖经济、社会、环境领域,具有监管性和指导性作用,清楚地描述了沈阳市为推进垃圾分类工作所制定的管理措施。此外,该政策作用对象范围全面,政策制定具有充分的依据、明确的责任,政策功能较为完善,而且政策侧重于规范化管理、责任管理、社会动员和资源回收这四个方面。然而,该政策也有其不足之处。首先,该政策缺乏长期规划,而且政策预测性、建议性不足,政策缺失对科技创新的强调,可能会影响政策的贯彻落实。其次,该政策目标亟须明确、方案略欠科学性、保障措施不足,亟须将人才培养、经验推广、资金支持和税收这四个政策工具纳入政策激励范畴,以更好地动员社会更多力量参与到我国垃圾分类回收利用活动中。因此,P3 的参考性改进路径为 X7—X5—X6—X3—X2。

3. 上海市垃圾分类政策评价分析

P4、P5 作为试点城市上海市颁布的政策,其 PMC 指数分别为 8.00 和 7.30,在 13 项垃圾分类政策中排名分别为第 1 和第 5,政策等级均为优秀水平,表明上海市垃圾分类政策质量优良,可为我国其他城市的垃圾分类工作提供参考性经验。

比如,就 P4 而言,其 PMC 指数得分最高,政策质量表现最好。为了提高上海市垃圾分类资源利用率,上海市于 2019 年颁布了《上海市生活垃圾管理条例》。由

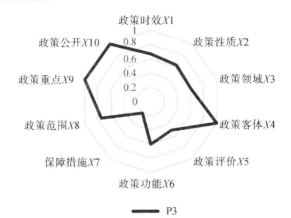

图 3-6　P3 一级变量指标得分雷达图

图 3-7 可看出，除了政策公开 $X10$ 外，P4 的政策客体 $X4$、政策重点 $X9$ 指标得分均为满分，属于完美水平；其他指标得分也较高，没有不良的政策表现水平。具体来说，作为一项短中期规划政策，该政策覆盖经济、社会、科技和环境等领域，政策监管性和指导性强，为上海市政府相关部门监管垃圾分类推进工作提供了法律保障。此外，该政策作用对象范围广，自上而下涵盖政府部门、企业和个人，政策范围涉及不同的区域、行业和企业。同时，该项政策依据充分、目标明确、责任分明，政策功能较为完善，而且政策侧重于规范化管理、责任管理、社会动员和资源回收这四个方面。然而，该政策也有其不足之处。首先，该政策缺乏长期规划，政策的预测性和建议性相对不足，可能会降低政策效力。其次，该政策方案不科学，保障措施不足，亟须将人才培养和税收这两个政策工具纳入政策激励范畴，以激励更多的政策客体参与到我国垃圾分类回收利用活动中。因此，P4 的参考性改进路径为 $X7—X2—X1$。

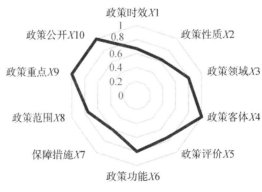

图 3-7　P4 一级变量指标得分雷达图

就 P5 而言,其 PMC 指数得分为 7.50,排名为第 5,政策质量表现为优秀水平。由图 3-8 可看出,除了政策公开 $X10$ 外,P5 的政策功能 $X6$、政策重点 $X9$ 指标得分均为满分,属于完美水平;而该政策的其他指标如政策时效 $X1$、政策性质 $X2$ 以及政策客体 $X4$ 得分较低,其中政策时效 $X1$ 和政策性质 $X2$ 得分分别为 0.33 和 0.37,属于不良的政策表现水平,是该项政策最大的失分项。具体来说,作为一项短期规划政策,该政策覆盖政治、社会、科技和环境等领域,政策指导性强,为上海市政府相关部门推进垃圾分类工作提供了指导性建议。此外,该项政策目标明确、方案科学、责任分明、政策功能完善,而且政策侧重于规范化管理、责任管理、社会动员和资源回收这四个方面。同时,该项政策有明确的政策保障措施来促进政策的执行,将法律保障、人才培养、经验推广和资金支持等政策工具纳入激励范畴,有助于动员更多的社会力量参与到垃圾分类回收工作中。然而,该政策也有其不足之处。首先,该政策缺乏中长期规划,政策的预测性、描述性和监管性需要加强。其次,该政策作用对象仅涉及政府部门,忽视了对企业和个人等其他主体的社会动员。因此,P5 的参考性改进路径为 $X1—X2—X4$。

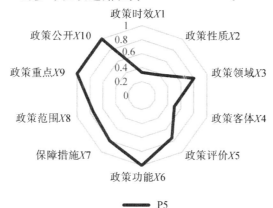

图 3-8　P5 一级变量指标得分雷达图

4. 武汉市垃圾分类政策评价分析

P6、P7、P8 作为试点城市武汉市颁布的政策,其 PMC 指数分别为 7.17、7.05 和 6.11,在 13 项垃圾分类政策中排名分别为第 6、第 8、第 13,政策表现等级分别为优秀水平、优秀水平和可接受水平,表明武汉市垃圾分类政策质量总体上比较优良,可为我国其他城市的垃圾分类工作提供参考性经验。

比如,就 P6 而言,其 PMC 指数得分为 7.17,政策质量表现为优秀水平。为了进一步提高城市生活垃圾回收利用水平,武汉市人民政府办公厅于 2019 年颁布了一项环境政策。由图 3-9 可看出,除了政策公开 $X10$ 外,P6 的政策时效 $X1$、政策功能 $X6$ 和政策重点 $X9$ 指标得分均为满分,属于完美水平;而政策客体 $X4$、政策评价 X5 以及保障措施 X7 指标得分较低,其中保障措施 X7 指标得分最低,仅为 0.20,属于不良的政策表现水平,是该项政策最大的失分项。具体来说,作为一项短中长期规划政策,该项政策覆盖经济、社会、科技和环境等领域,政策指导性强,能为武汉市推进垃圾分类工作提供指导性建议。同时,该项政策目标明确、责任分明,政策功能齐全,而且政策侧重于规范化管理、责任管理、社会动员和资源回收这四个方面。然而,该政策也有其不足之处。首先,该政策缺乏预测性、监管性和描述性,可能会降低政策效力。其次,该项政策作用对象仅涉及政府部门,忽略了企业和个人等其他主体的能动性作用,社会动员不足。最后,该政策依据不充分,方案略欠科学性,保障措施需要加强,亟须将法律保障、人才培养、经验推广和税收这几个政策工具纳入政策激励范畴,以激励更多的政策客体参与到城市生活垃圾分类回收利用活动中。因此,P6 的参考性改进路径为 X7—X4—X5。

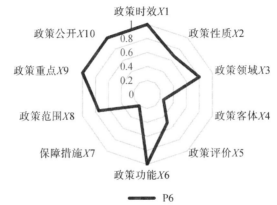

图 3-9　P6 一级变量指标得分雷达图

P7 在 13 项垃圾分类政策中排名第 8,其 PMC 指数得分为 7.17,政策质量表现为优秀水平。这是由武汉市人民政府办公厅颁布的一项生活垃圾分类三年实施方案。由图 3-10 可看出,除了政策公开 X10 外,只有政策重点 X9 指标得分为满分,属于完美水平;而政策客体 X4 指标得分最低,得分仅为 0.25,属于不良的政策表现水平,是该项政策最大的失分项。具体来说,作为一项短中期规划政策,该项政策覆盖经济、社会和环境等领域,政策指导性和描述性强,能为武汉市推进垃圾分类工作提供指导性建议。同时,该项政策目标明确、方案科学、责任分明,而且政策侧重于规范化管理、责任管理、社会动员和资源回收这四个方面。然而,该政策也有其不足之处。首先,该政策缺乏预测性和监管性,可能会降低政策效力。其次,该政策作用对象仅涉及政府部门,而忽略了企业和个人等其他主体的能动性作用,社会动员不足。最后,该政策依据不充分,政策缺乏制度约束和技术创新等功能,因此,P7 的参考性改进路径为 X4—X6—X3—X7。

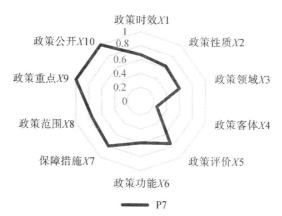

图 3 - 10　P7 一级变量指标得分雷达图

P8 在 13 项垃圾分类政策中排名最低,其 PMC 指数得分为 6.11,政策质量表现最差。这是武汉市于 2022 年颁布的一项生活垃圾分类管理政策。由图 3 - 11 可看出,除了政策公开 $X10$ 外,只有政策重点 $X9$ 指标得分为满分,属于完美水平;而政策时效 $X1$、政策性质 $X2$、政策客体 $X4$、保障措施 $X7$ 指标得分较低,均属于不良的政策表现水平,其中保障措施 $X7$ 指标得分最低,仅为 0.20,是该项政策最大的失分项。具体来说,作为一项短期规划政策,该项政策覆盖经济、社会、科技和环境等领域,政策监管性、描述性和指导性较强。同时,该项政策依据充分、责任分明,政策功能较为齐全,而且政策侧重于规范化管理、责任管理、社会动员和资源回收这四个方面。然而,该政策也有不足之处。首先,该政策缺乏预测性和建议性,可能会降低政策效力。其次,该政策作用对象仅涉及政府部门,而忽略了企业和个人等其他主体的能动性作用,社会动员不足。最后,该政策依据不充分、方案不科学、保障措施不足,亟须将人才培养、经验推广和税收这几个政策工具纳入政策激励范畴,以激励更多的政策客体参与到城市生活垃圾分类回收利用活动中。因此,P8 参考性改进路径为 $X7$—$X4$—$X1$—$X2$—$X5$。

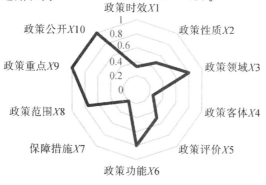

图 3 - 11　P8 一级变量指标得分雷达图

5.广州市垃圾分类政策评价分析

P9 作为试点城市广州市颁布的垃圾分类政策,其 PMC 指数得分 7.75,在 13 项垃圾分类政策中排名第 2,政策质量表现为优秀水平。为了提高广州市垃圾分类利用率,广州市于 2020 年颁布了《广州市生活垃圾分类管理条例》。由图 3-12 可看出,该政策各变量表现等级优良,没有不良的政策表现水平。具体来说,作为一项短中期规划政策,该项政策覆盖经济、社会、科技和环境等领域,政策监管性、描述性和指导性强,为广州市政府相关部门监管垃圾分类推进工作提供了政策保障。此外,该政策作用对象范围广,自上而下涵盖政府部门、企业和个人,政策范围涉及不同的区域、行业和企业。同时,该项政策依据充分、责任分明,政策功能齐全,保障配套措施较为完善,通过加强法律保障、经验推广和资金支持动员更多的社会力量去参与垃圾分类工作,而且政策侧重于规范化管理、责任管理、社会动员和资源回收这四个方面。然而,该政策也有其不足之处。首先,该政策缺乏长期规划,政策的预测性和建议性不足,可能会降低政策效力。其次,该政策目标不明确、方案不科学,政策评价水平较低。因此,P9 的参考性改进路径为 $X5—X7—X2$。

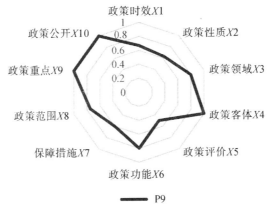

图 3-12　P9 一级变量指标得分雷达图

6.成都市垃圾分类政策评价分析

P10,P11 作为试点城市成都市颁布的政策,其 PMC 指数分别为 7.09 和 6.70,在 13 项垃圾分类政策中排名分别为第 7、第 10,政策表现等级分别为优秀水平和可接受水平,表明成都市垃圾分类政策质量总体上比较良好。

P10 是成都市人民政府办公厅于 2021 年为加快生活垃圾分类、助推践行新发展理念而制定的一项环境政策,其 PMC 指数得分 7.09,政策质量表现为优秀水平。由图 3-13 可看出,除了政策公开 $X10$ 外,只有政策功能 $X6$ 和政策重点 $X9$ 政策变量表现等级为优秀水平;而政策客体 $X4$ 表现水平最差,得分仅为 0.25,是该项政策最大的失分项。具体来说,作为一项短中期规划政策,该项政策覆盖经济、社会和环境等领域,政策建议性和指导性强,对成都市生活垃圾分类推进工作提供了指导性建议。此外,该项政策目标明确、责任分明,政策功能齐全,保障配套措施较为完善,注重运用法律保障、经验推广、资金支持和税收等政策工具去动员更多的社会力量去参与垃圾分类工作,而且政策侧重于规范化管理、责任管理、社会动员和资源回收这四个方面。然而,该政策也有其不足之处。首先,该政策缺乏长期规划,政策的预测性、监管性和描述性不足,可能会降低政策效力。其次,该政策方案依据不明确、方案不科学,政策评价水平较低。因此,P10 的参考性改进路径为 $X4—X5—X2$。

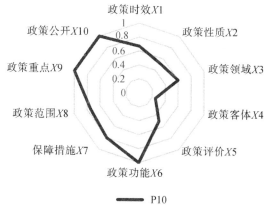

图 3-13 P10 一级变量指标得分雷达图

P11 的 PMC 指数为 6.70,政策表现等级为可接受水平,是成都市继 2021 年之后颁布的一项新的关于成都市生活垃圾分类提标提质工作方案。由图 3-14 可看出,除了政策公开 $X10$ 外,政策评价 $X5$、政策功能 $X6$ 和政策重点 $X9$ 指标得分均为满分,政策变量表现等级为优秀水平;而政策时效 $X1$、政策性质 $X2$、政策领域 $X3$ 和政策客体 $X4$ 指标得分均较低,政策表现水平较差,为不良水平,其中政策客体 $X4$ 是该项政策最大的失分项,得分仅为 0.25。具体来说,作为一项短期规划政策,该项政策仅覆盖社会和环境领域,政策建议性和指导性强,对成都市生活垃圾分类推进工作提供了指导性建议。此外,该项政策依据充分、目标明确、方案科学、责任分明,政策功能齐全,保障配套措施较为完善,注重运用法律保障、经验推广和资金支持等政策工具去动员更多的社会力量去参与垃圾分类工作,而且政策侧重于规范化管理、责任管理、社会动员和资源回收这四个方面。然而,该政策也有其不足之处。首先,该政策缺乏中长期规划,政策的预测性、监管性和描述性不足,可能会降低政策效力。其次,该政策作用对象仅涉及政府部门,忽略了企业、个人等其他主体的能动性作用。因此,P10 的参考性改进路径为 $X4—X1—X2$。

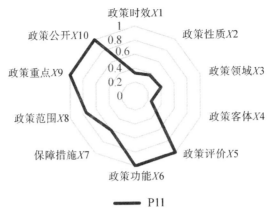

图 3 - 14   P11 一级变量指标得分雷达图

7. 西安市垃圾分类政策评价分析

P12、P13 作为试点城市西安市颁布的政策，其 PMC 指数分别为 7.42 和 6.20，在 13 项垃圾分类政策中排名分别为第 4、第 12，政策表现等级分别为优秀水平和可接受水平，表明西安市垃圾分类政策质量总体上参差不齐，仍有很大的改进空间。

P12 是由西安市人民政府办公厅于 2017 年为响应国家垃圾分类政策号召而颁布的一项关于城市生活垃圾分类的三年行动方案。由图 3 - 15 可看出，除了政策公开 X10 外，只有政策时效 X1、政策评价 X5 和政策重点 X9 政策指标得分为满分，政策变量表现等级为优秀水平；而政策客体 X4 表现水平最差，是该项政策最大的失分项，得分仅为 0.25。具体来说，作为一项短中长期规划政策，该项政策仅覆盖社会和环境领域，政策建议性和指导性强，对西安市生活垃圾分类推进工作提供了指导性建议。此外，该项政策依据充分、目标明确、方案科学、责任分明，政策功能较为齐全，保障配套措施较为完善，注重运用法律保障、人才培养、经验推广和资金支持等政策工具动员更多的社会力量参与垃圾分类工作，而且政策侧重于规范化管理、责任管理、社会动员和资源回收这四个方面。然而，该政策也有其不足之处。首先，该政策的预测性、监管性和描述性不足，可能会降低政策效力。其次，该政策的作用对象仅涉及政府部门，忽视了企业和个人等其他主体的能动性作用。因此，P12 的参考性改进路径为 X4—X3—X8。

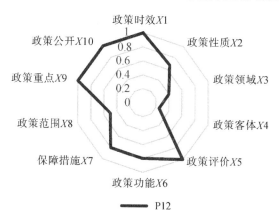

图 3 - 15　P12 一级变量指标得分雷达图

P13 由西安市人民政府办公厅于 2022 年印发的一项关于进一步加强生活垃圾分类工作的实施方案。由图 3 - 16 可看出,除了政策公开 X10 外,只有政策功能 X6 和政策重点 X9 政策指标得分为满分,政策变量表现等级为优秀水平;而政策时效 X1、政策性质 X2、政策领域 X3 以及政策客体 X4 指标得分最低,属于不良的政策表现水平。其中,政策客体 X4 表现水平最差,是该项政策最大的失分项,得分仅为 0.25。具体来说,作为一项短期规划政策,该项政策仅覆盖经济和环境领域,政策建议性和指导性强,对西安市生活垃圾分类推进工作提供了指导性建议。此外,该项政策方案科学、责任分明,政策功能齐全,政策保障配套措施较为完善,注重运用法律保障、经验推广和资金支持等政策工具去动员更多的社会力量参与垃圾分类工作,而且政策侧重于规范化管理、责任管理、社会动员和资源回收这四个方面。然而,该政策也有其不足之处。首先,该政策的预测性、监管性和描述性不足,可能会降低政策效力。其次,该政策的作用对象仅涉及政府部门,忽视了企业和个人等其他主体的能动性作用。最后,政策缺乏人才培养和税收等激励性政策工具。因此,P13 的参考性改进路径为 X4—X1—X2—X3。

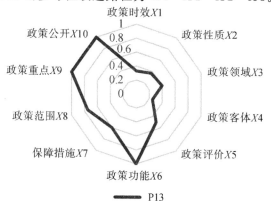

图 3 - 16　P13 一级变量指标得分雷达图

第五节　提高垃圾分类政策有效性的策略

通过对 13 项垃圾分类政策的量化评价和分析,我们详细描述了每一项政策的优缺点,针对政策存在的问题,本研究提出了以下具体的有针对性的解决策略。

一、增强垃圾分类政策时效的长期性

在当前的环境治理和资源回收利用过程中,垃圾分类政策发挥着核心作用。然而,从现有政策文本分析来看,政策的制定往往更加侧重于解决眼前的问题,追求短中期内目标的实现。这种做法虽然能够快速满足当前的需求,但却忽视了垃圾分类工作长远的战略布局和系统规划,导致政策在实施过程中可能出现视野狭窄、缺乏持续性的问题。

为了克服这一不足,未来在制定垃圾分类政策时,要更加注重政策的长远性和前瞻性。这意味着在政策制定之初,就需要对垃圾分类回收利用的长期发展趋势进行科学预测和深入分析,确立清晰的长期目标,并将其细化为可操作的短期和中期目标,形成一个连贯、系统的政策规划体系。

具体而言,政府应当出台一系列全面性、权威性的指导性意见或总体规划,这些政策文件不仅要明确垃圾分类回收利用的长期发展愿景,还要包含具体的实施路径、关键任务、责任分工、时间节点等内容。同时,这些政策文件还需要考虑技术进步、经济社会发展、人口结构变化等多种因素的影响,确保政策的灵活性和适应性。

此外,保持政策时效的长期性还需要建立一个动态的监测和评估机制。通过定期收集垃圾分类回收利用的相关数据,分析政策执行的效果,及时发现问题并进行调整,这样可以确保政策始终保持其时效性和有效性。同时,政府还应该加强与公众、企业、科研机构等多方利益相关者的沟通和协作,充分利用社会各界的智慧和资源,共同推进垃圾分类政策的可持续发展。

二、重视垃圾分类政策的预测性与描述性

在当前的环境保护和资源回收利用领域,垃圾分类政策起着至关重要的作用。尽管我国政府已经出台了一系列垃圾分类政策,但政策的预测性和描述性作用仍有待加强。预测性作用能够帮助我们洞察未来的发展趋势和潜在挑战,而描述性作用则能够提供清晰的政策路线图和执行指南,确保垃圾分类工作的有效推进。

(1)增强政策的预测性意味着要通过科学的研究和数据分析,对垃圾分类回收利用的发展趋势进行准确预测。这包括评估垃圾产生量的增长趋势、分类技术的进步、公众参与度的变化以及政策环境的演变等。通过对这些关键因素的系统分

析,政策制定者可以更好地制定长远规划,提前布局资源,优化政策措施,引导和促进垃圾分类回收利用工作的健康发展。

(2)政策的描述性作用要求我们清楚地阐述政策目标、实施路径、操作流程和预期成果。这不仅有助于各相关方面,包括政府部门、企业、社会组织和公众更好地理解政策意图,还能够为他们提供具体的行动指南,明确各自的责任和任务。例如,对于垃圾分类的具体标准、分类投放和收集的操作流程、违规行为的处罚措施等,都需要通过政策文件进行详细描述,以确保政策的顺利执行和有效监管。

(3)注重政策的预测性和描述性作用还意味着要建立一个动态的政策评估和反馈机制。随着社会经济的发展和科技的进步,垃圾分类回收利用的实际情况会不断变化。因此,政策制定者需要定期对政策效果进行评估,及时收集各方面的反馈意见,对政策进行必要的调整和优化。这种动态调整不仅能够确保政策始终保持高效性和适应性,还能保障政策的预测性和描述性作用的实现。

三、制订科学的垃圾分类政策方案

要确保垃圾分类政策的有效执行,不仅需要政府部门的积极推动,还需要社会各界的广泛参与。因此,制订一个全面、深入且具有前瞻性的政策方案显得尤为重要。

(1)这样的方案应该从设定明确的政策目标开始,这些目标不仅要具体、量化,还应与国家的环保目标和可持续发展战略相协调。例如,可以设定短期、中期和长期目标,明确在不同阶段垃圾分类的覆盖范围、分类准确率和资源回收利用率等指标。

(2)基于这些目标,制定一系列规范的管理措施。这包括但不限于:制定和完善垃圾分类的相关法律法规,明确各方责任和义务;建立健全垃圾分类收集、运输、处理和监管体系;推行垃圾分类教育和宣传工作,提高公众的环保意识、参与积极性以及为垃圾分类提供足够的物质和技术支持,如分类垃圾桶、分类指导标识等。

(3)政策方案还应该注重技术研发与创新。这意味着要鼓励和支持科研机构、高校和企业在垃圾分类和资源回收领域开展技术创新和研发活动。通过技术创新提高垃圾资源化利用的效率和水平,降低垃圾处理的成本和环境影响。同时,应该积极探索和推广先进的垃圾分类和处理技术,如生物降解技术、废物能源化技术等,以实现垃圾分类回收的减量化、资源化和无害化。

(4)一个科学的垃圾分类政策方案还应该具备动态调整和优化的能力。随着社会经济的发展和科技的进步,垃圾产生和处理的情况也会发生变化。因此,政策方案需要定期进行评估和修订,以及时反映新的情况、满足新的需求,确保政策的持续性、有效性和适应性。

四、完善垃圾分类政策的保障措施

任何一项政策的实施与政策目标的实行，都需要一定的政策保障措施。纵观所选取的政策样本可发现，我国垃圾分类政策在法律保障、人才培养、经验推广、资金支持与税收等保障措施上有所缺失或者不够完善，从而使得相关的政策客体参与垃圾分类回收利用工作的积极性与主动性较低。因此，在推进垃圾分类的过程中，为了更好地激发各方面的积极性和主动性，未来在制定垃圾分类政策时，应从以下几个方面加强和完善政策的保障措施与激励措施。

（1）完善法律保障是基础。需要通过立法明确垃圾分类的法律地位，制定具体的、可操作的法律法规，规范垃圾分类的各个环节，包括垃圾的投放、收集、运输、处理等，并对违反垃圾分类规定的行为设定明确的法律责任。同时，不断更新和完善相关法律法规，以适应垃圾分类工作的新要求和新挑战。

（2）引进人才和加大人才培养力度也十分重要。垃圾分类不仅是一项技术工作，更是一项系统工程，需要大量专业人才的支持。政府应通过高等院校等教育机构，开设垃圾分类相关的课程或开展垃圾分类相关的培训项目，提升从业人员的专业技能和业务水平。同时，鼓励企业和科研机构进行技术创新和技术研发，吸引更多高端人才加入垃圾分类行业。

（3）通过试点项目推广经验也是提升政策效果的有效途径。政府可以选择部分城市或区域作为垃圾分类试点的地区，总结试点过程中的成功经验和存在的问题，形成可复制、可推广的模式，再逐步扩大到更广泛的区域。这种"点线面"逐步推进的方式有助于政策的稳步实施和持续优化。

（4）政府应加大对垃圾分类企业的资金支持并提供税收优惠政策，这也是激发企业积极性的重要措施。可以通过财政补贴、低息贷款、税收减免等方式，减轻企业的经营压力，鼓励其投入更多资源进行技术创新和服务优化。同时，对于在垃圾分类工作中表现突出的个人和单位，政府应给予表彰和奖励，以营造良好的社会氛围。

总之，通过强化和完善垃圾分类的保障措施与激励措施，可以有效提高各利益主体参与垃圾分类工作的积极性和主动性，为我国垃圾分类工作的顺利推进提供有力的支撑，进一步促进社会的可持续发展。

第六节 章节总结

本章通过构建 PMC 指数模型，对中国当前垃圾分类政策进行了深入的量化分析，旨在评估政策的实施效果，并为未来政策的优化提供科学依据。本章内容围绕问题与意义、数据收集与选取、模型构建、实证分析、提高政策有效性的策略五个主要方面展开讨论。

（1）本章强调了垃圾分类政策在应对城市化进程中对垃圾处理问题的重要性。随着城市化进程的加快和人口的增长，垃圾产生量的剧增对环境和社会可持续发展构成了严重威胁。垃圾分类政策不仅有助于减少垃圾量、降低碳排放，还能提升资源回收利用率，是解决环境问题的有效手段。

（2）本章详细介绍了数据收集与选取过程。选择了 46 个重点城市的 105 项垃圾分类政策作为研究对象，这些政策覆盖了不同的试点城市，为深入分析各城市政策的优劣势提供了丰富的案例。在构建 PMC 指数模型方面，本章通过文本挖掘技术，提取了政策文本中的高频词，并在已有文献的基础上形成了垃圾分类政策量化评价指标体系。该体系包含 10 个一级变量和 40 个二级变量，全面覆盖了垃圾分类政策的各个方面。在实证分析部分，本章选取了北京、沈阳、上海、武汉、广州、成都和西安这 7 个具有代表性的试点城市的垃圾分类政策进行了 PMC 指数的计算和分析。结果显示，中国垃圾分类试点城市的政策设计总体上是合理的，政策质量表现优良。在研究的 13 项政策中，有 8 项政策被评为"优秀水平"，5 项政策被评为"可接受水平"，表明了这些垃圾分类试点城市在垃圾分类推进工作中取得了不错的成效，可为我国其他城市的垃圾分类管理提供了经验，起到了示范作用。同时，我国垃圾分类政策重点关注规范化管理、责任管理、社会动员和资源回收这四个方面，未来垃圾分类的推进工作可以依托这些基本原则，促进资源的节能减排。

（3）本章根据政策在长期规划、预测性、描述性以及保障措施等方面存在的不足，提出了提高垃圾分类政策有效性的策略，包括保持政策时效的长期性、注重政策的预测性与描述性作用、制订科学的垃圾分类政策方案和完善政策保障措施。这些策略旨在优化政策设计，提高政策执行效果，为推进城市生活垃圾分类工作、促进资源的高效利用和节能减排、助力国家"双碳"目标的实现提供指导性建议。

综上所述，通过量化分析，本章为中国垃圾分类政策的制定和执行提供了科学依据，揭示了政策实施的优点和不足，为未来垃圾分类政策的调整和优化提供了有价值的参考。

第四章　垃圾回收政策有效性的探讨与分析

第一节　问题与意义

随着城市的快速发展,垃圾处理已成为一个日益突出的问题。垃圾回收不仅是解决城市生活垃圾问题的关键手段,其有效性还对城市的可持续发展产生直接影响。垃圾分类作为一项涉及民生和社会可持续发展的关键议题,对环境保护起着至关重要的作用。一个完善的垃圾分类系统和干净整洁的环境,是公众所普遍期望的社会治理成果。

中国在城市生活垃圾管理方面面临着严峻挑战。自 20 世纪末我国开始提出"垃圾分类"的概念以来,虽然政府多次尝试推进城市生活垃圾的分类工作,特别是自 2019 年起,政府为推动垃圾分类政策的实施,投入了巨大的社会资源,但成效有限。据统计,现在全国 600 多座大中城市中,有三分之二的城市陷入垃圾的"包围"之中。"垃圾围城"不是单纯的"垃圾问题",而是关乎污染防治、市容环境、公众健康、食品安全、社会稳定和经济社会持续发展等多方面的问题,迫切需要企业、公众、专家、公益环保组织、媒体和政府的协同共治。围绕城市生活垃圾问题,我们既要面对"垃圾围城"的现实困境,也要面临"邻避冲突"的技术争论。当前,各个城市也正纷纷开展垃圾分类和垃圾处理的实践创新工作。以上海为例,作为中国现代化发展的"排头兵",目前上海正在试点开展全国最为严格的垃圾分类工作,并取得了显著成效。中国广播网数据显示,《上海市生活垃圾管理条例》出台 3 个月后,上海全市 1.3 万个居住区的垃圾分类达标率高达 80%。同时,自 2019 年强制实施垃圾分类以来,上海近 83.62% 的家庭食品垃圾已被有效分离,纯度达到 99.50%,而剩余垃圾的低热值(LHV)较前几年提高了 96.4%。通过有效的废弃物分类,分离处理净碳排放量也降低至 0.11 吨。

从资源学的角度来看,城市生活垃圾是一种总量在不断增长的资源,具有很大的开发价值。我国推广城市生活垃圾分类工作有助于垃圾资源的回收再利用,对于降低能源碳足迹、实现"双碳目标"具有重要意义。有研究通过建立一个综合系统分析模型,宏观地分析了垃圾分类对城市经济等产生的效益,并以 2006—2017 年的天津市为例进行分析,在设定的 6 个情境中,完全分类的情境较完全不分类的情境每年减少温室气体排放量 103 万～146 万吨。

自 2000 年 6 月我国正式启动城市生活垃圾分类试点工作以来,垃圾分类政策的实施成效并不理想,居民在垃圾回收行为方面仍存在一定的问题,而这与政策效能感知密切相关。越来越多的研究证据表明,垃圾分类政策未能取得实质性的成效,这将导致垃圾分类制度难以在更大范围施行,从而制约我国经济社会的可持续发展。为此,基于政策效能感知探讨和分析居民垃圾分类回收行为,理解政策在居民日常生活中的影响,并提出更为有效的政策建议,对促进城市生活垃圾回收行为的提升具有重要意义。

根据国内外主流学术观点,垃圾分类政策成效关键取决于其能否促进居民的垃圾分类行为。然而,现有研究对垃圾分类政策与居民行为关系的研究不足,特别是缺乏对政策感知影响机制的实证分析。具体表现在,垃圾分类政策没有以核心解释变量呈现,而是常常作为拓展变量纳入行为模型进行分析,由此容易忽视政策干预的潜在解释功能,不利于揭示政策低效的内在原因。此外,从公共政策形成的视角来看,垃圾分类政策制定始终遵循“自上而下”的建构逻辑。这种精英群体主导的政策形成方式或许是造成垃圾分类政策低效的根本原因。“自上而下”的公共政策把作为政策受众的普通民众排除在外,使政策内容与日常生活割裂开来,公共政策变成了“自说自话”而无法解决实际问题。李德国等指出,“自上而下”的公共政策通常简单地以追求效益最大化的理性人假设来分析人类行为。但实际上,现实生活中的人类行为十分复杂,建立在简化假设基础上的公共政策往往难以发挥作用。鉴于此,行为公共政策的学者呼吁将现实的人类行为作为公共政策制定的起点。这一“自下而上”的政策建构逻辑主要基于“行为洞察”,即对政策受众的心理与行为规律的认识,试图在政策设计中使用柔性政策工具或隐性策略指导,以期破解政策失灵的现实困境。“自下而上”的逻辑无疑为改进公共政策成效提供了全新的思考路径。特别是针对垃圾分类政策,其最终目的是使居民从“被动管制者”转变为“主动分类者”,并充分研判政策受众的行为规律,降低公众的心理抵抗并促成自发性的政策遵从。然而,如何依循“自下而上”逻辑实现这一点,目前仍处于理论探索阶段。李燕提出了“主体—特质—环境”的政策遵从概念分析框架,吕小康等强调了心理暗示对政策遵从的可能功效,巴塔利奥等建议采用助推策略提高公共政策的可遵从度等。总体而言,尽管学者做出了有益工作,但政策实施与受众的政策遵从行为之间仍然缺乏一个明确传导。同时,这类研究以质性讨论为主,相关的实证分析显得尤为不足,迫切需要积累经验证据并拓展其理论深度。

西方学界对于生活垃圾管理的研究始于 20 世纪 70 年代,以美国亚利桑那大学威廉·拉思杰博士创立垃圾学为标志,生活垃圾管理的研究脉络大致可分为三个阶段。第一阶段:20 世纪 70 年代,研究主题是垃圾收费和末端无害化处理。第二阶段:20 世纪 80 年代,以源头减量化为主。第三阶段:20 世纪 90 年代以后,主要研究循环经济视角下的垃圾资源化和减量化问题。面对这样一个日益严峻的问题,国内学界自 20 世纪 80 年代中期以来就开始了研究,2001 年以后则给予生活垃圾管理越来越多的关注。

与城市生活垃圾产生量迅速增长不相匹配的是,我国城市生活垃圾管理在不少方面还是具有传统废弃物管理模式的特征,尚未建立起适合我国国情的现代化城市生活垃圾管理模式。这无疑给城市管理和垃圾治理带来了巨大的挑战,成为制约环境保护、城市建设及可持续发展的重要因素。

目前,学者对城市生活垃圾分类政策的研究以微观层面居多。例如,有学者聚焦于中国城市生活垃圾强制分类政策效果,关注微观个体的支持意愿与行动意愿。也有研究以公共物品理论和理性行为假设为基础,借助地理信息系统(GIS)建立多智能体模型,模拟社区环境下居民垃圾分类行为的特征和演变过程。此外,还有学者运用定性比较分析(qualitative comparative analysis,QCA)方法来分析垃圾分类政策的扩散机制和生活垃圾分类政策执行主体的行为差异性,使用调查研究法反映京、津、汉、乌四市居民对垃圾分类政策实际效果的主观感知。更有研究基于元胞自动机模型,通过对居民垃圾分类行为的评估发现,在强制分类政策未实施期间,居民不会调整其生活垃圾分类行为。而城市人口规模越大,居民垃圾分类参与比例越高。

在因变量的选择上,多数学者基于数据的可获得性等,其研究多聚焦于城市生活垃圾分类政策对于垃圾分类回收数量的影响。垃圾强制分类政策确实可以显著提高垃圾分类回收数量,这也是分类政策的直接效果。但是城市固弃物管理中全生命周期的研究视角强调,分类政策主要影响垃圾生命周期的回收阶段与处理阶段,垃圾分类后对垃圾处理的优化效果不容忽视,尤其是对于焚烧法与填埋法处理的占比变化会造成垃圾处理中有害气体产生的变化,这也是居民可以感受到的公共价值部分。

综上所述,本章将基于田野调查数据,尝试引入"政策感知"核心解释变量,用以探究垃圾分类政策与居民垃圾分类行为之间的心理传导机理,并且进一步使用夏普里值分解方法来精确测算垃圾分类政策对居民采取垃圾分类行为的解释程度。此外,为克服样本选择性偏差,本研究采用倾向值得分匹配法获取更为稳健的估计结果,由此形成相关政策建议,期望为改善当前垃圾分类状况、提升政策成效以及不断推进我国垃圾分类制度实施提供有益参考。

第二节　研究方法与数据收集

一、准实验研究设计与概念界定

本研究采用准实验研究方法,通过对比不同政策效能感知水平下居民垃圾回收行为的差异,探究政策效能感知对垃圾回收行为的影响。具体采用最小二乘和有序 Probit 模型、结构方程模型、夏普里值分解法以及倾向值得分匹配法对垃圾分类政策的实施效果进行评估。

(一)概念界定

生活垃圾的概念有狭义概念与广义之分。狭义概念仅指居民、单位在日常生活中及为生活服务中产生的废弃物,广义概念还包括工程施工活动中产生的渣土与建筑垃圾、泥浆等废弃物。考虑到对生活垃圾分类政策效果的实证研究需要具备一定的系统性与广泛性,本书所研究的生活垃圾包括装修垃圾、日常生活垃圾、单位餐厨垃圾、绿化带中的枯枝落叶等,涵盖范畴较广。

我国将城市生活垃圾分为六类:①可回收物,包括塑料、纸张、金属、织物和玻璃等;②大件垃圾,包括废弃家用电器和家具等;③可堆肥垃圾,包括厨余垃圾和植物垃圾等;④可燃垃圾,包括废塑料橡胶、废纸、废木材等;⑤有害垃圾,包括废旧电子产品、废油漆、废灯泡和过期药品等;⑥其他垃圾。

(二)数据来源

研究数据来自课题组于 2020 年 8 月在西安市中心城区开展的社会调查。调查采用分层随机抽样的方法。具体而言,以西安市的 6 个中心城区(碑林、新城、莲湖、雁塔、未央、灞桥)为子目标,运用网络爬虫技术,根据租房价格信息对各城区内的居民社区进行经济水平划分(划分为高档、中档、低档)。之后,在城区内的各档社区中随机抽取 1 个社区作为观测点,共确立 18 个社区观测点,总计 1378 名社区居民参与了这项社会调查。

(三)变量选择

1.垃圾分类行为

心理学研究认为,行为一般包括行为意向和实际行为。其中,行为意向是一个概念性变量,需要通过设定相应的观测指标来进行间接推估。为此,本研究采用"我愿意花时间进行垃圾分类(BI1)""我计划进行垃圾分类(BI2)""我会尽力进行垃圾分类(BI3)"等观测指标的均值来反映垃圾分类行为意向。同时,采用"您平时会分类处理垃圾吗"的观测指标反映垃圾分类实际行为。测量量表采用李克特 5 级量表,"1"表示完全不同意,"5"表示完全同意。

2.政策感知

政策感知是本研究所要探讨的核心解释变量。与传统的行为干预政策不同,垃圾分类政策兼具规制和服务特征,需要政策受众的主动参与。换言之,居民的治理角色行为由客体向主体转变,才能真正实现垃圾分类的政策目标。依据政策遵从和心理动力场的相关理论,政策感知是促成居民这一治理角色行为转变的关键原因在于，外部环境刺激作用于个体行为的唯一途径是通过个体感知形成心理事实。而政策感知所释放的积极的认知、情感等心理事实，能够有效降低政策受众的心理抵抗，进而促成个体态度和行为的转变。这也与近年来研究行为公共政策的学者所推崇的"行为洞察"观念相一致，因而政策感知对"自下而上"政策建构视角具有融合作用。同时政策感知也融合了"自上而下"政策建构视角的有关要素。本研究就此认为，政策感知视角能够整合李燕指出的政策遵从行为的政策情境与行为特征两条研究路径。基于此，本研究将政策感知作为影响居民垃圾分类行为的核心解释变量。该变量测度参考了学者在 2014 年提出的政策效果测度量表，并充分结合西安市垃圾分类政策实施内容，即采用"垃圾分类政策能够使居民了解垃圾分类的重要性（PP1）""垃圾分类政策清楚地解释了垃圾分类的好处（PP2）""垃圾分类政策鼓励了我对垃圾进行分类（PP3）""垃圾分类政策为居民进行垃圾分类提供了便利（PP4）""总的来说，垃圾分类政策是有效的（PP5）"等观测指标进行测度。

3. 其他影响因素

除了核心解释变量，研究还需纳入其他解释变量（如态度意识、知识与宣传、人口特征）以建构相关分析模型。态度意识是人类行为的重要决定因素，知识与宣传对亲环境行为的形成具有显著影响，而不同人口特征往往导致其环境行为的表现具有差异性。为此，本研究从态度意识、知识与宣传、人口特征这三个方面出发，选取可能对居民垃圾分类行为产生影响的解释变量。

二、研究地点的选择与样本描述

本研究选择了具有代表性的城市社区作为研究地点，通过随机抽样方法获取了涵盖不同年龄、性别、职业等特征的居民样本。研究的地域选定在陕西省西安市。西安市是国务院确立的推行垃圾分类工作的 46 个试点城市之一，其居民消费接近全国平均水平，而消费水平直接决定居民的生活垃圾的排放量，因此具有一定的城市代表性。此外，西安市地处关中平原，地形平坦，有利于居民相互交流，从而能形成稳定的行为认知，可以相对较好地满足行为调查的需要。研究数据基于 2020 年 8 月在西安市中心城区开展的社会调查，采用分层随机抽样方法，共收集了 1102 份有效问卷。社会调查中共回收问卷 1378 份，除了个人基本信息缺失、部分答题空缺和存在共同方法偏差的无效问卷后，最终得到有效问卷 1102 份，有效问卷率为 79.97%。课题组先前一项关于环境行为调查样本量的荟萃分析的研究发现：当样本量超过 600 时，能够较大程度地保证统计结果的稳健性，由此可以推断出本研究所用的样本量是合适的。

三、调研过程与受访者分组依据

在调研过程中，我们采用了问卷调查和深度访谈相结合的方式，以获取居民对政策效能的感知情况以及他们的垃圾回收行为数据。根据政策效能感知水平的高低，我们将受访者分为高感知组和低感知组，以便进行后续的比较分析。在调研过程中，我们根据租房价格信息对居民社区进行经济水平划分，并随机抽取社区作为观测点。根据受访者年龄、性别、受教育程度、收入水平等人口特征进行分组。

第三节　政策效能感知对垃圾回收行为的影响分析

要判断政策感知是否会对垃圾分类行为产生影响，首先应设置基准模型，之后引入政策感知变量，观察模型变换前后的差异结果。需要指出的是，垃圾分类行为意向与实际行为之间可能存在相关关系。因此，本研究将垃圾分类行为意向纳入实际行为的影响因素模型。如此一来，假设某些变量既会影响垃圾分类行为意向，又会对实际行为产生作用，同时行为意向会显著地影响实际行为。这说明，这些变量对垃圾分类实际行为存在直接和间接效应。本研究的模型估计结果见表4-1。大部分解释变量在模型中呈现显著性，说明本研究设定的理论模型较为合理，实证结果具有可靠性。模型1和模型3是基准模型。加入政策感知变量后，基准模型中呈显著性变量的系数符号和显著性水平均未发生变化。并且政策感知变量与垃圾分类行为意向和实际行为呈显著相关，模型2和模型4的R^2和伪R^2较基准模型有所增加。统计结果表明，政策感知对垃圾分类行为有正向影响，即居民对垃圾分类的政策感知程度越高，越倾向于采取垃圾分类行为。这项发现为政策遵从的理论范式提供了有益的实证经验补充。一般认为，公共政策的作用在于改变政策受众的行为，但传统的政策研究通常将政策实施与受众视为简单的线性或非线性关系，缺乏中间过程的理论推演，特别是忽略了政策受众的心理事实形成机理，因而难以评估和改善政策成效。公共政策实施效果不仅受到制度、规则和技术的约束，也受到人类自身行为模式的约束，即需要从受众的行为认知视角去解释公共政策。考虑到本研究已经验证了政策感知对垃圾分类行为的显著影响，引入政策感知作为分析变量在政策评估中显得尤为重要。政策感知不仅能作为连接政策实施和受众行为之间的桥梁，还能有效地衡量政策的实施成效。

表4-1　垃圾分类行为的影响因素估计结果

解释变量	垃圾分类行为意向		垃圾分类实际行为	
	模型1	模型2	模型3	模型4
政策感知	—	0.066(2.70)***	—	0.089(1.82)*
态度	0.059(0.83)	0.044(0.61)	−0.007(−0.06)	−0.026(−0.24)
主观规范	0.169(5.94)***	0.164(5.80)***	0.168(3.01)***	0.163(2.92)***

解释变量	垃圾分类行为意向		垃圾分类实际行为	
	模型 1	模型 2	模型 3	模型 4
感知行为控制	0.091(3.27)***	0.082(2.92)***	0.183(3.33)***	0.172(3.10)***
结果意识	−0.013(−0.19)	−0.001(−0.02)	−0.026(−0.25)	−0.010(−0.10)
责任归属	0.021(0.56)	0.011(0.31)	−0.043(−0.74)	−0.054(−0.93)
个人规范	0.217(6.03)***	0.200(5.75)***	0.209(3.72)***	0.188(3.28)***
环境价值观	0.131(2.86)***	0.122(2.68)***	−0.087(−1.21)	−0.098(−1.36)
垃圾分类知识	0.111(3.53)***	0.107(3.45)***	0.279(4.87)***	0.277(4.82)***
信息宣传	0.060(1.59)	0.046(1.24)	−0.019(−0.31)	−0.036(−0.58)
性别	−0.024(−0.73)	−0.032(−0.99)	−0.006(−0.09)	−0.018(−0.26)
年龄	−0.106(−1.98)**	−0.109(−2.03)**	0.061(0.58)	0.058(0.55)
年龄 × 年龄	0.012(1.88)*	0.013(1.96)*	−0.007(−0.53)	−0.006(−0.48)
受教育程度	0.013(0.74)	0.016(0.89)	−0.033(−0.86)	−0.030(−0.77)
收入水平	−0.004(−0.28)	0.000(0.00)	−0.001(−0.03)	0.004(0.15)
垃圾分类行为意向	—	—	0.500(7.71)***	0.491(7.54)***
R^2 或伪 R^2	0.3671	0.3718	0.1263	0.1275
样本量	1102	1102	1102	1102

注：上角标 *、** 和 *** 分别表示在 10%、5% 和 1% 的水平上显著，括号内为 t 统计值或 z 统计值。

一、高政策效能感知与回收行为的正向关系

研究发现，高政策效能感知的居民往往对垃圾回收政策持有更积极的态度，他们更倾向于遵守政策规定，积极参与垃圾回收活动。这种正向关系表明，政策效能感知的提高有助于促进居民的垃圾回收行为。居民对于垃圾分类政策的感知程度越高，越倾向于采取垃圾分类行为。很显然，政策效能感知与垃圾分类行为意向和实际行为之间存在显著的相关性。换言之，政策实施所激发的政策感知若能有效引导公众行为的转变，则说明"政策实施→政策感知→行为改变"的传导畅通，证明政策实施有效。否则，说明政策低效甚至无效。这一发现为评估垃圾分类政策乃至公共政策执行效果提供了一种实用的分析框架。以西安市为例，根据本研究数据推测，西安市的垃圾分类政策取得了一定成效。然而，为了准确评估此政策的具体影响力度，有必要开展更进一步的专项研究。此外，通过政策感知的中介作用可知，提升居民的政策感知将更加直接地促进居民采取垃圾分类行为，从而改进垃圾

分类政策的实施效果。目前,我国政府一般采取强制性监管或经济激励等手段来规范公民行为,但这些手段往往成本较高且难以达到预期目标。本研究提出的政策感知变量指向了一种不依赖于行为强制或物质刺激的策略。这意味着提高政策遵从度、制定专门的策略以提升居民的政策感知,不仅能更精准地达成政策目标,还能显著降低行政成本,从而实现更高的经济效益与社会效益。

二、低政策效能感知对回收行为的负面影响

相比之下,低政策效能感知的居民对于垃圾回收政策往往持消极态度,他们可能不遵守政策规定,甚至对垃圾回收行为产生抵触情绪。这种负面影响不仅阻碍了垃圾回收工作的顺利开展,还可能加剧垃圾问题的严重性。对于青少年群体,政策感知的估计系数不显著,甚至为负,说明政策感知未能有效促进该群体的垃圾分类行为。

第四节　政策效能感知对垃圾回收行为的作用机制

根据以上的回归分析结果,我们可以得出结论:政策感知在促进居民垃圾分类行为方面发挥了积极作用。然而,这一发现尚未充分揭示两者之间的具体作用机制。鉴于公共政策旨在在影响受众行为的过程中塑造良好的个人规范信念,本研究利用规范激活理论,通过结构方程模型来检验政策感知对垃圾分类行为的具体作用机制。通过路径分析,我们得到了标准化估计结果,如图 4-1 所示。

本研究引入的规范激活理论结构方程模型综合考虑了多个重要因素:结果意识(观测指标由 AC1、AC2、AC3 表示)、责任归属(观测指标由 AR1、AR2、AR3 表示)、个人规范(观测指标由 PN1、PN2、PN3 表示)、政策感知(观测指标由 PP1、PP2、PP3、PP4、PP5 表示)、分类意向(观测指标由 BI1、BI2、BI3 表示)以及分类行为。此外,模型还包括了残差项 e1、e2 等,以考虑可能存在的其他未观测因素的影响。

模型的各项适配度指标均达到了理想值,显示出模型的整体匹配度较好。同时,模型中的所有路径系数均通过了 Bootstrap(自举法)检验,并在 0.01 的显著性水平上具有统计学意义。这一结果进一步证明了政策感知对垃圾分类行为有直接和间接效应,再次印证了基本估计结果中有关结论的可靠性,即政策感知同时影响垃圾分类的行为意向和实际行为,而行为意向又显著地影响了实际行为。具体而言,在规范激活理论模型的框架下,政策感知对垃圾分类行为意向的直接效应为 0.165、间接效应为 0.204;而对于垃圾分类实际行为的直接效应为 0.140,间接效应为 0.219。在这一过程中,个人规范发挥了主要的传递作用。对此合理的解释是,公共政策往往体现了特定的社会规范,而这些社会规范被居民内化为个人主观

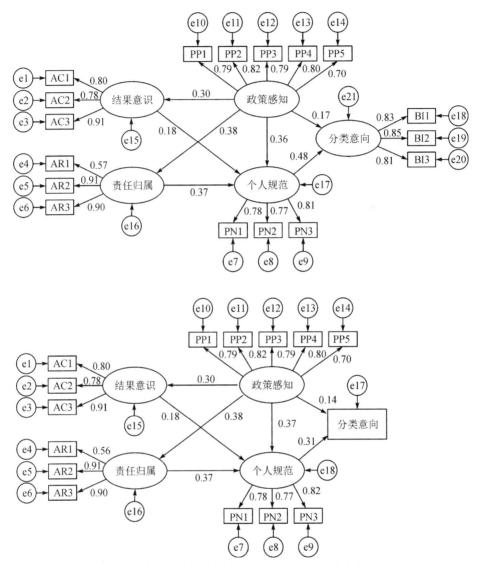

图 4-1　基于规范激活理论模型的政策感知路径分析结果

或个人规范。因此,政策感知可能成为塑造居民行为规范的重要来源。当居民认为垃圾分类政策是有效时,他们对政府的信任便随之增加。根据社会学的观点,这种信任加强了政府和居民之间的依赖关系,使居民更愿意为了实现政府的目标而改变自己的行为,即遵从垃圾分类政策的行为规范要求。

此外,由于政策感知能够与诸多心理特征变量发生关系,我们推断政策感知不仅仅是个变量,它还是一个以感知为特征的心理系统机制。为了检验这个论断,我们对部分留有联系方式的受访者进行了回访调查。调查结果显示,一些具有较高程度政策感知的居民对政府表现出了特别的好感,这种积极情绪可能会潜移默化地促使他们自发地采取垃圾分类行为。这一发现表明,与政策感知相关的外围路径可能在激发垃圾分类行为上发挥着作用,从而为政策制定者在提升居民对垃圾分类政策响应度方面提供了新的思路和策略。

一、政策感知解释贡献率的测度

基于本研究提出的政策感知能够有效反映政策实施效果的研究结论,我们认为,政策感知对垃圾分类行为的解释贡献率可以直观地体现垃圾分类政策的成效。在变量的解释贡献率测算方面,以往学者们多采用菲尔茨分解法,但该方法难以解决变量的内生性问题。为了解决这一问题,本研究采纳了最新发展的夏普里值分解法。该方法通过计算组合博弈框架下各变量的边际解释贡献,有效克服了模型分解中可能出现的内生性和多重共线性问题。同时,为了便于比较,本研究还测算了其他几个重要变量的解释贡献率,结果见表4-2。

表4-2　基于夏普里值分解法的各变量解释贡献率

解释变量	解释贡献率	
	垃圾分类行为意向	垃圾分类实际行为
政策感知	3.95%	1.60%
态度意识	19.15%	7.07%
知识与宣传	5.99%	4.59%
人口特征	0.72%	0.10%
垃圾分类行为意向	—	7.62%

表4-2的分析结果显示,尽管政策感知能够促进居民参与垃圾分类行为,但其解释贡献率较低。从政策感知的视角来看,西安市垃圾分类政策实施效果欠佳。鉴于当前国内大多数居民的垃圾分类行为水平较低,而垃圾分类政策未能充分发挥其预期效果,这与一些学者的研究结论相一致。然而,较低的解释贡献率也说明了西安市垃圾分类政策存在很大的改进和提升空间。

为此,本研究以政策感知为因变量,探究影响垃圾分类政策实施效果的影响因素。通过回归分析我们发现,便利性感知是制约垃圾分类政策成效的关键因素。当居民明确感觉到垃圾桶数量充足、垃圾桶安放位置便利时,他们的政策感知程度会显著增强,同时垃圾分类行为的发生频率也随之提高。值得注意的是,这些政策感知的解释变量与垃圾分类行为在统计上几乎没有显著关系。因此,本研究认为,以政策感知为主要抓手能够更加全面和有效地提升垃圾分类政策的实施效果。

二、主观规范在政策效能感知与回收行为间的中介作用

在政策感知对垃圾分类行为产生影响的过程中，个人规范信念扮演着重要的角色，发挥了主要的传导作用。主观规范作为个体行为的重要影响因素，在政策效能感知与垃圾回收行为之间发挥着中介作用。高政策效能感知的居民往往受到更强的主观规范影响，从而更容易形成积极的垃圾回收行为。

三、感知行为控制的中介效应分析

感知行为控制也是影响垃圾回收行为的重要因素之一。居民对于自己执行垃圾回收行为的能力和所处条件的感知，会直接影响他们的行为选择。政策效能感知通过影响居民的感知行为控制，进而对垃圾回收行为产生作用。政策感知还可能通过外周途径影响居民的垃圾分类行为，如居民对政府的好感可能会导致他们无意识的垃圾分类行为。

四、基于倾向值得分匹配法的稳健性检验

基准回归模型可能存在内生性问题而导致回归结果不可靠。在稳健性检验中，本研究使用倾向值得分匹配方法，即基于反事实框架建构准实验，将态度意识、知识与宣传、个体特征等影响因素作为协变量，探究政策感知对居民垃圾分类行为的净效应。目前，倾向值得分匹配法中的干预变量多为二分变量，因此，本研究首先对政策感知进行降维处理：以变量均值为分界，将样本分成"高政策感知群体"和"低政策感知群体"。两组样本除政策感知强弱有差异外，其余无明显区别。此外，由于行为意向是实际行为中最重要的前因变量，因此在稳健性检验过程中，本研究主要探讨政策感知对居民垃圾分类行为意向的影响。最近邻匹配、卡尺匹配和核匹配等常用匹配方法被用于具体计算，结果见表 4-3。

表 4-3　倾向得分匹配的处理效应

匹配方法	平均处理效应	标准误	t 检验值
最近邻匹配(1∶4)	0.152**	0.067	2.28
卡尺匹配(卡尺 =0.2)	0.142**	0.062	2.28
核匹配	0.131**	0.062	2.14
平均值	0.142	—	—

采用的三种匹配方法均显示出政策感知与居民垃圾分类行为之间存在正向的平均处理效应。具体来说，高政策感知群体的垃圾分类行为意向高出低政策感知群体 0.131～0.152 个单位，平均高出 0.142 个单位，说明提高政策感知能够增强居民的垃圾分类行为意向，为居民带来了 0.142 个单位的净正向效应。

为确保所采用倾向值得分匹配法得到的研究结果的有效性,本研究对样本数据进行了严格的平衡性检验和共同支撑区域检验。平衡性检验结果显示,经过匹配处理后,伪 R^2 值显著下降,从 0.271 下降至 0.003 到 0.271 的范围内,而 LR 统计量的值从 407.03 下降至 5.42 到 407.03 的范围内,标准化偏差同时也得到了大幅度下降,从 85% 下降至 8% 到 15% 的区间。这些结果表明,倾向值得分匹配法有效消除了在高政策感知群体和低政策感知群体中可能存在的解释变量差异,确保了匹配结果的可靠性。

此外,共同支撑区域检验的结果显示,匹配前后两组样本倾向得分值在较大范围内存在重叠(见图 4-2),表明匹配过程仅造成了少量样本损失,共同支撑域条件良好。因此,通过倾向值得分匹配法排除了混杂因素的干扰后,政策感知对居民垃圾分类行为的正向影响得到了再次证实,也强化了本研究的初步结论。

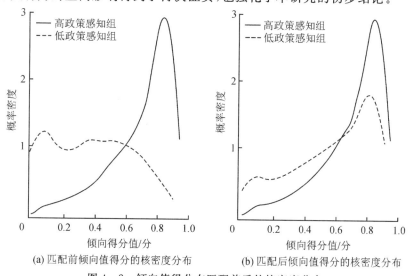

(a) 匹配前倾向值得分的核密度分布   (b) 匹配后倾向值得分的核密度分布

图 4-2　倾向值得分在匹配前后的核密度分布

五、不同年龄段群体的分组估计

根据表 4-1 的分析结果,我们注意到年龄与垃圾分类行为意向之间的关系表现出一定的复杂性,具有正相关性,这说明年龄对居民垃圾分类行为的影响并不是简单的线性关系。为了更深入地理解这一现象,本研究采取了将受访者根据不同年龄段进行分组的策略,意图揭示政策感知在不同年龄群体中的具体作用。为了提高模型的精度,模型中未表现显著影响的变量,包括态度、结果意识、责任归属等,已从基准模型中移除。基于年龄分组的估计结果如表 4-4、表 4-5 所示。

表4-4 不同年龄段分组检验（垃圾分类行为意向）

解释变量	7~14 岁	15~24 岁	25~34 岁	35~44 岁	45~54 岁	55~64 岁	≥65 岁
政策感知	−0.002(0.03)	0.138(1.65)	0.071*(1.84)	0.063(1.26)	0.065(0.82)	0.066(1.13)	0.079(1.03)
主观规范	0.172**(2.21)	0.086(1.03)	0.234***(4.24)	0.205***(3.30)	0.057(0.55)	0.085(1.45)	0.210***(2.6)
感知行为控制	−0.046(−0.72)	0.035(0.32)	0.098*(1.79)	0.105*(1.93)	0.044(0.43)	0.160**(2.14)	0.165**(2.21)
个人规范	0.066(0.90)	0.286***(3.13)	0.263***(3.73)	0.211***(4.36)	0.241*(1.72)	0.174**(2.12)	0.203**(2.32)
环境价值观	−0.049(−0.57)	0.189(1.37)	0.105(1.52)	0.167***(3.21)	−0.043(−0.29)	0.274***(2.66)	0.349*(1.75)
垃圾分类知识	0.312***(4.43)	0.208*(1.77)	0.068(1.16)	0.051(0.90)	0.208(1.48)	0.002(0.03)	0.046(0.52)
R2	0.256 3	0.397 0	0.513 9	0.507 7	0.269 2	0.315 0	0.362 4
样本量	153	124	204	166	120	178	157

注：上角标*、**和***分别表示在10％、5％和1％的水平上显著，括号内为t统计值或z统计值。

表4-5 不同年龄段分组检验（垃圾分类实际行为）

解释变量	7~14 岁	15~24 岁	25~34 岁	35~44 岁	45~54 岁	55~64 岁	≥65 岁
政策感知	−0.213(−1.22)	−0.138(−0.87)	0.116(1.20)	0.241*(1.75)	−0.061(−0.37)	0.272**(2.39)	−0.038(−0.30)
主观规范	0.112(0.66)	0.272(1.49)	0.251**(1.96)	0.109(0.70)	−0.223(−1.15)	0.125(0.98)	0.254*(1.72)
感知行为控制	0.066(0.44)	−0.010(−0.06)	0.151(1.19)	0.170(1.06)	0.475**(2.44)	0.040(0.27)	0.439***(3.16)
个人规范	0.118(0.80)	0.261*(1.67)	0.241**(1.98)	0.075(0.49)	−0.026(−0.14)	0.074(0.54)	0.247*(1.76)
环境价值观	0.056(0.28)	−0.188(−0.90)	−0.146(−1.03)	−0.150(−0.87)	0.468*(1.69)	−0.325(−1.51)	0.049(0.22)
垃圾分类知识	0.576***(2.99)	0.535***(2.76)	0.144(1.13)	0.324**(2.00)	0.364*(1.85)	0.246*(1.86)	0.040(0.27)
垃圾分类行为意向	0.502***(2.58)	0.442**(2.31)	0.585***(3.27)	0.740***(3.26)	0.734***(3.67)	0.358**(2.26)	0.308**(2.17)
伪 R^2	0.111 0	0.141 2	0.162 0	0.178 1	0.181 2	0.084 6	0.140 5
样本量	153	124	204	166	120	178	157

注：上角标*、**和***分别表示在10％、5％和1％的水平上显著，括号内为t统计值或z统计值。

年龄分组的估计结果显示，对于"25~34岁""35~44岁""55~64岁"的群体，政策感知与垃圾分类行为之间的估计系数为正且显著相关，表明政策感知在这些年龄段中有效促进了该部分居民的垃圾分类行为。然而，对于"7~14岁""15~24岁"的群体，政策感知对其垃圾分类行为的估计系数不显著，甚至为负，说明当前的政策感知在这些群体中并未发挥预期的积极作用。这一结果应当引起政策制定者的高度重视，因为青少年阶段是环保意识培养和形成垃圾分类习惯的关键时期，垃圾分类政策的有效传达和实施对于这一年龄段人群尤为关键。

究其主要原因，我们发现西安市青少年群体缺乏有效的政策感知渠道，且政府的相关宣传不够到位。我们的调研发现,在西安市"7~14 岁"和"15~24 岁"的青少年群体中,有 42.24％的受访者不知道西安市是中华人民共和国住房和城乡建设部确定的垃圾分类试点城市之一。尽管学校教育是青少年接收垃圾分类知识、感知垃圾分类政策内容的重要渠道,但从西安市大中小学校的宣传手段来看,中小学校目前仍以黑板报等传统宣传方式为主,大学则更多通过思想政治课程进行生态文明教育。这些宣传和普及方式重理论、轻实践,缺乏灵活应变能力,且各项活动之间重复度比较高,无法做到具体问题具体分析,导致垃圾分类政策的具体要求难以落到实处。此外,社区教育和家庭教育方面有所缺失,使得学校、社会、家庭之间未能形成"三位一体"的生态文明教育合作体系,因此难以培育青少年形成良好的环境保护和资源节约观念。我们在回访中也发现,青少年普遍认为这三者之间相互割裂,内容单调乏味,环境教育的功能作用十分有限。

因此,针对青少年群体,垃圾分类治理策略应由单向灌输转为多重路径融合,构建包括学校教育、社区参与和家庭引导在内的全方位、多维度的综合教育体系。通过重视青少年的个人体验和行为能力的培养,激发其形成对环境保护的积极参与意识,从而为提高全社会的垃圾分类参与率和实现可持续发展目标奠定坚实基础。

第五节　影响政策效能感知的因素分析

本研究还进一步探讨了影响政策效能感知的因素,其中在政策效能感知促进回收行为的机制中,政策效能感知与感知行为控制之间存在很强的相关性。研究表明,对于居民而言,便利性感知是政策效能感知的一个核心因素。便利性感知的提高,能够直接增强居民参与垃圾分类回收的意愿和行为。为了具体分析便利性感知是如何影响政策效能感知的,我们选取了以下几个关键变量来观察垃圾回收政策提供的便利性。

(1)知识推广。政府通过各种媒介和渠道传播关于垃圾分类与回收的专业知识,旨在强化公众的垃圾分类意识,提高公众的垃圾分类能力,使居民更加精确和有效地参与到垃圾的回收利用工作中。

(2)中转站设置。为了节约居民参与垃圾分类与回收的时间,降低居民参与垃圾分类与回收的物理成本,政府在社区附近设立便捷的转运站点,大大方便了居民的垃圾分类与回收活动。

(3)回收标志的明确性。在垃圾桶上明确标示可回收物的标志,提供直观的分类指导,帮助居民轻松识别何种垃圾可回收,从而提升了垃圾分类的准确率。

(4)垃圾桶的数目及位置。确保垃圾桶供应充足、位置合理,方便居民将可回收物放入垃圾桶。居民可以直接感知到的观察对象可能会对政策效能感知产生影响。

　　从以上的观察变量可以反映出,居民对政策效能的感知不仅受到政策内容和执行强度的影响,还与政策实施带来的实际便利性紧密相关。居民能够直接感知到的政策便利性,如垃圾分类知识的普及、分类设施的可及性以及可回收物的明确标识等,都可能显著提升政策效能感知,从而促进垃圾分类与回收行为。

　　因此,为了增强政策效能感知并促进垃圾回收行为,政策制定者应考虑从多方面提升政策的便利性感知。除了加强垃圾分类知识的推广和提高垃圾分类设施的可访问性外,还需要借助创新技术和社交媒体等新兴平台,开展更为广泛和深入的公众教育和宣传活动。只有通过这种全方位的努力,才能更有效地提升公众对垃圾分类政策的认可度和参与度,为实现环境保护和社会可持续发展目标做出贡献。

第六节　提升垃圾回收行为的政策建议

一、研究结论

通过深入分析,本研究得出的主要结论如下。

　　(1)政策感知对垃圾分类行为意向和实际行为均会产生正向影响。从年龄段来看,受影响的居民主要为中青年群体,而青少年群体没有形成有效的、积极的政策感知。原因在于青少年缺乏有效的政策感知渠道,政府相关政策宣传不够到位。

　　(2)政策感知对垃圾分类行为的影响以间接效应为主,个人规范、责任意识、责任归属等是重要的传导因素。同时,作为一个以感知为特征的心理系统机制,政策感知还可能存在外周途径影响行为。

　　(3)尽管政策感知能够促进居民的垃圾分类行为,但其解释贡献率较低,这也从侧面反映出西安市垃圾分类政策实施效果欠佳,仍有很大的改进和提升空间。

　　(4)便利性感知是影响居民垃圾分类政策感知的关键因素。

二、政策建议

根据研究结论,本研究提出以下几点政策建议。

　　(1)决策者应关注政策效能感知的作用,并从公民视角理解公共政策的有效性。公共政策的无效性可能不完全由于公共政策本身的缺陷,而是政策目标群体的认知偏差。同时,有必要避免居民的低水平政策效能感知。一些研究人员表示,强调政府鼓励回收的努力可以提高垃圾回收政策的有效性。然而,这项研究表明,如果政府采取高于实际成绩的宣传,很容易导致政策效能感知水平低下,并产生相反的效果。因此,政府对公共政策有效性的宣传应与实际成就相一致,积极获得居民的信任。

（2）决策者应通过政策措施中的心理建议来提高垃圾回收政策的有效性。在我们的研究中,个人主义文化中的态度可能会影响回收行为。因此,在政策措施的设计中,在个人政策效能感知方面,可以使用一些心理建议来激发个人主义,以促进垃圾回收。例如,在信息宣传中强调回收利用可以为家庭或个人带来良好的经济效益。

（3）决策者应动员关键人物,促进更多居民回收行为规范的形成。在这项研究中,主观规范被证明是政策效能感知和回收意愿之间的中介。在中国,除了家人、朋友和邻居之外,关键人物（如社区中的党员）被认为是影响居民主观回收规范形成的重要人群。因此,我们建议动员关键人物参与垃圾回收活动,发挥他们的引领和示范作用,以促进更多居民回收行为规范的形成。

（4）培养居民的道德义务。从理论上讲,计划行为理论允许将其他变量引入模型中。本研究表明,道德义务可以增强计划行为理论解释循环行为的预测效度。因此,在实践中,要发挥道德义务的作用,可以通过家庭教育和学校教育加以培养。

（5）提高便利性是改善居民政策效能感知的可行途径。例如,宣传专业回收知识,设计清晰易懂的回收标志,将垃圾桶放置在方便的位置,等等。随着居民政策效能感知的增加,垃圾回收政策的有效性将得到增强。正因为如此,一方面,应该使用多样化的知识推广方法,包括报纸、杂志、书籍、电视和社区活动。另一方面,建议政府加强垃圾回收设施的建设,为居民提供便利。

第七节　章节总结

本章通过深度分析,探讨了城市居民在垃圾分类回收行为中的政策感知影响,揭示了政策感知在促进居民积极参与垃圾分类中的重要作用。研究结果表明,政策感知不仅直接影响居民的垃圾分类行为意向和实际行为,而且对不同年龄群体的影响存在明显差异,特别是在青少年群体中,政策感知的有效传达尚存在不足之处。

研究进一步分析指出,政策感知的影响机制主要通过间接效应体现,其中个人规范、责任意识、责任归属等心理因素发挥着核心传导作用。此外,政策感知作为一种心理机制,可能通过外围途径影响居民的垃圾分类行为。然而,尽管政策感知对促进居民的垃圾分类行为具有积极作用,但其解释贡献率相对较低,反映出垃圾分类政策的实施效果还有提升的空间。

此外,通过分析影响政策效能感知的因素,研究强调了便利性感知对提升居民垃圾分类政策感知的关键作用。便利性感知的提高能直接增强居民参与垃圾分类回收的意愿和行为,这为提高垃圾分类政策的实施效果提供了重要指导。

基于以上研究,本章提出了一系列政策建议,旨在为提升垃圾回收行为的普及和有效性提供参考依据。①决策者应关注政策效能感知的作用，并从公民视角理解公共政策的有效性。②决策者应通过政策措施中的心理建议来提高垃圾回收政策的有效性。③动员社区关键人物发挥引领作用，通过教育和宣传培养居民对环境保护的道德义务感，这是提高政策遵从度和促进居民积极参与垃圾分类的有效途径。④提高便利性也是改善居民政策效能感知的可行途径。

综上，本章的分析和建议为提高垃圾分类政策的有效性、促进城市可持续发展提供了有力的理论支撑和实践指导。通过深化政策感知研究，优化政策设计和实施策略，可以更好地激励和引导居民积极参与垃圾分类回收活动，共同构建清洁、美丽、和谐的城市环境。

第五章 城市垃圾分类回收行为的探讨与分析

第一节　问题与意义

随着经济的快速发展和城镇化的不断推进,中国正面临着生活垃圾产生量大、增长速度快的问题。据预测,随着人口密度、城市化和工业化的不断提高,未来这种情况将更加严峻。毫无疑问,城市生活垃圾管理已成为中国的一个突出问题。

实施城市生活垃圾分类收集对于提高填埋场垃圾、可回收产品垃圾或绿色垃圾后续处理的效率至关重要。目前,一些工业化国家在城市生活垃圾分类收集方面取得了显著进展。然而,中国大多数城市仍然没有实施城市生活垃圾分类收集这一措施。研究表明,缺乏公众意识、公众参与度低是妨碍生活垃圾分类收集政策实施的最重要因素之一。

文献中的许多研究调查了世界各地城市生活垃圾分类收集中公众参与的决定因素。例如有学者指出,决定因素包括社会人口变量、环保态度、机会成本、知识和社会规范。相比之下,中国的垃圾管理研究大多集中于技术或科学视角,很少有研究涉及公众参与的问题。近年来,有些学者评估了苏州居民在家庭生活垃圾分类中的活动;有些学者讨论了广州的源头分类中的公众参与情况;北京、上海、杭州和天津等地的源头分类现状也分别被调查。然而,这些研究大多集中于沿海发达地区,这使得研究成果过于具体,无法推广到中国的大部分地区和欠发达地区。

由于经济发展极不平衡,社会文化规范千差万别,中国各地区城市生活垃圾管理可能存在显著差异。因此,本研究旨在研究中国家庭参与城市生活垃圾分类收集的现状及其影响因素,以城市生活垃圾的主要组成部分——家庭垃圾为例,基于前期在桂林市进行的大规模实地调查数据,分析了公众对城市生活垃圾管理费用的认知、意识、态度和支付意愿。桂林是中国建设部(现为中华人民共和国住房和城乡建设部)于2000年发起的城市生活垃圾分类收集项目的试点城市之一,因此,本研究对试点社区和非试点社区进行了比较,以吸取试点项目失败的教训。通过分析,我们获得了重要的启示,有助于推动城市生活垃圾分类收集项目的设计和教育活动。据笔者所知,本研究是中国第一部研究广西城市生活垃圾分类收集,并对试点社区和非试点社区进行比较的著作。

第二节　研究方法与数据收集

一、选址

本研究的数据收集选址在桂林市中心城区。尽管早在 2004 年和 2005 年桂林市中心城区分别投入使用了垃圾填埋设施和堆肥厂，但其他地区仍然通过不卫生的填埋场处理城市生活垃圾。桂林市的城市生活垃圾分类收集试点计划并未取得成功。

二、数据收集和分析

本研究的实地调查在桂林市某城区开展。在与市政府工作人员协商后，我们选择了桂林市的六个居住区，其中三个为城市生活垃圾分类收集试点项目中的试点社区，另外三个为非试点社区，但生活条件和管理模式相似。为了确保调查的代表性和全面性，我们在每个居住区的主要道路和出入口设置调查站，对经过的居民进行问卷调查。通过问卷调查的方式与每位受访者进行面对面访谈，共发放问卷896 份，收回有效问卷 848 份。

问卷设计结合了的李克特量表、单选题和多选题，涵盖了四个主要主题：①公众对城市生活垃圾分类收集的认知、意识和态度；②公众参与和行为；③垃圾管理设施和服务；④人口统计。

调查的原始数据首先被汇编到 Excel 电子表格中，然后使用社会科学统计软件进行分析。统计分析工具包括免费样本 t 检验（用于比较试点社区和非试点社区）、主成分分析（用于因子提取）以及线性和多项逻辑回归（用于评估独立变量和因变量之间的关系）。通过这些方法，能够全面了解和分析桂林市居民对城市生活垃圾分类收集的认知、态度和行为，为后续政策制定提供实证支持。

第三节　城市公众参与垃圾分类的现状

本节通过对实地调查收集的数据进行分析，评价居民参与城市生活垃圾分类收集的情况，并对被调查者的人口统计数据进行总结。

一、人口统计数据分析

调查要求受访者年龄在 7 岁以上，以确保受访者能够理解问卷并做出回答。受访者的年龄分布如下：大多数受访者的年龄在 19 至 65 岁之间，占比 77.1%；年龄低于 19 岁的占比 14.9%；年龄高于 65 岁的占比 8.1%。在受访者中，48.1%的受访者拥有本科或研究生学历。受访者的月收入分布如下:月收入在 1000 元至 3000 元之间的占比最大,为 48.0%;28.6% 的受访者月收入在 3000 元至 5000 元之间;月收入低于 1000 元的受访者占比 7.6%;月收入高于 5000 元的受访者占比 15.7%。受访者的性别分布不平衡,女性受访者(占比 66.0%)的比例远远高于男性受访者(占比 34.0%)。这一结果可能是因为女性家庭成员在处理家庭垃圾方面承担了更多的责任。

二、居民垃圾分类行为分析

尽管桂林市尚未正式实施城市生活垃圾分类收集计划,但大多数受访者(占比 93.5%)表示他们自愿进行垃圾分类。具体而言,受访者对废旧电池(占比 75.3%)、玻璃(占比 48.2%)和金属(占比 44.7%)三大垃圾的分类处理最为积极。这些数据表明,尽管缺乏官方的分类政策支持,居民已经表现出较高的垃圾分类意愿。

第四节　城市生活垃圾分类收集的影响因素

一、公众认知

公众认知的评估包括两部分:第一部分涉及社区层面的认知,涵盖社区卫生状况、乱扔垃圾、垃圾桶数量、垃圾桶位置和垃圾收集时间。第二部分侧重于更一般层面的认知,考虑垃圾分类收集的立法/政策、立法执行、专业性、媒体、非政府组织、公众对垃圾分类收集的意识以及公众对环境保护的意识。

(一)社区层面的认知

社区卫生状况的评估标准为"1:非常干净""2:干净""3:需要改进""4:差"。平均值(以"平均值 ± 标准差"的形式体现)为 2.62 ± 0.822,这表明受访者平均认为社区卫生状况是可以接受的。

乱扔垃圾情况的评估尺度为"1:经常""2:偶尔""3:从不"。平均值为 1.85 ± 0.636,即社区中偶尔发生乱扔垃圾的情况。

对于垃圾处理设施(垃圾桶数量、垃圾桶位置和垃圾收集时间)的满意度评估尺度为"1:满意""2:一般""3:不满意"。平均值分别为 1.93 ± 0.727、1.82 ± 0.665 和 1.56 ± 0.691。这三个平均值都在 2 左右,意味着社区中的城市生活垃圾处理设施和服务仅能接受,需要进一步改进。

(二)一般层面的认知

对"城市生活垃圾分类收集立法/政策""立法执行""专业性""媒体""非政府组

织""公众对城市生活垃圾分类收集的意识"和"公众对环境保护的意识"的评价采用从"1：非常不满意"到"5：非常满意"的5个等级量表。计算出的7个方面的平均值分别为 2.45 ± 1.132、2.16 ± 1.119、2.78 ± 1.244、2.74 ± 1.261、2.63 ± 1.133、2.23 ± 1.116 和 2.35 ± 1.160。总体而言，受访者对测试的所有方面都感到或多或少的不满意，尤其是在执法方面的评价最为不满。随后对受访者参与垃圾分类的态度进行分析，结果显示，20.9%的受访者只有在法律或法规强制执行的情况下才愿意参与。因此，政府应着重制定全面的法律法规，强化执法力度，以促进公众参与城市生活垃圾的分类收集。

（三）试点社区与非试点社区的差异

笔者进一步利用独立样本 t 检验比较了试点社区和非试点社区受访者在公众认知方面的差异。分析结果表明，在社区层面，试点社区和非试点社区受访者对除"定期收集"（试点：2.08 ± 1.148；非试点：1.97 ± 1.169；$p = 0.198$）之外的所有测试项目的认知均存在显著差异。具体而言，试点社区的受访者对"社区卫生状况"（试点：2.70 ± 0.835；非试点：0.48 ± 0.779；$p < 0.001$）、"垃圾桶数量"（试点：2.02 ± 0.747；非试点：1.84 ± 0.781；$p = 0.001$）和"垃圾桶位置"（试点：1.93 ± 0.709；非试点：1.73 ± 0.727；$p < 0.001$）的满意度较低。此外，试点社区的乱扔垃圾现象较少（试点：1.86 ± 0.765；非试点：2.13 ± 0.732；$p < 0.001$）。由于试点计划启动前的数据不可用，因此尚不清楚观察到的差异是否是试点计划的结果。总体而言，尽管在某些具体方面存在差异，但试点社区和非试点社区之间的差异并不显著，表明垃圾分类政策在这两个社区的实施效果较为相似。

二、公众意识

公众意识通过测量受访者对城市生活垃圾分类收集的知识来评估。所有受访者都被询问他们是否掌握相关信息以及从何处获得这些信息。

在所有受访者中，只有2%的受访者从未接受过有关垃圾分类收集的教育，这表明桂林居民的公众意识很高。然而，如此高的公众意识并没有转化为公众对参与垃圾分类的积极态度（36%的受访者表现出消极态度），这与相关学者的研究一致。因此，需要进一步分析受访者的知识水平以及知识与态度之间的相关性。

图5-1显示了受访者用于获取有关城市生活垃圾分类收集的信息来源分布。电视（占比75.1%）是受访者了解城市生活垃圾分类收集知识的最主要途径，其次是垃圾桶标识（占比52.5%）、报纸/杂志/书籍（占比46.7%）和网络（占比39.3%）。据笔者所知，现有文献尚未很好地阐述这样一个有趣的观察结果：垃圾桶标识在教育公众了解城市生活垃圾分类收集方面发挥着重要的作用。

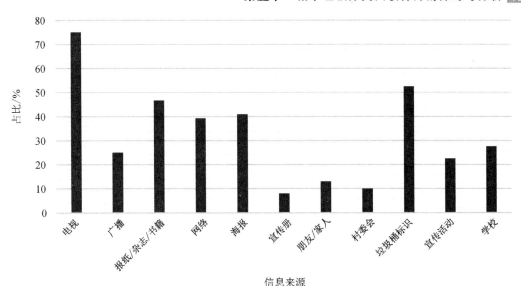

图 5-1　受访者获取城市生活垃圾分类收集信息的不同知识来源占比分布

　　然而,我们对社区垃圾桶标识状况的后续分析显示,58.9%的受访者反映其社区垃圾桶标识"模糊""消失"或"缺失"。此外,宣传册是地方当局进行垃圾分类宣传活动最常用的方法,但仅贡献了 8.1%的城市生活垃圾分类收集教育比例。如此低的贡献率可能意味着宣传册不是城市生活垃圾分类收集教育的有效手段,或者宣传册的设计、内容等方面可能需要改进,以吸引更多公众的关注。

　　为了评估不同年龄段人群的偏好差异,表 5-1 列出了各年龄段人群最常接触的三大信息来源。整体来看,不同年龄段人群对信息来源的偏好有所不同。除了受教育程度较高的年轻受访者(小于 19 岁)和使用网络较多的中年受访者(37~50岁)外,老年人更倾向于选择"电视""垃圾桶标识"和"报纸/杂志/书籍"等方式。此外,表 5-1 进一步凸显了"垃圾桶标识"在传播垃圾分类知识方面的重要作用。

表 5-1　不同年龄段人群获取三大信息来源的比例

年龄	信息来源				
	电视	报纸/杂志/书籍	垃圾桶标识	网络	学校
7~18	56.9%	—	56.1%	—	64.2%
19~24	77.0%	53.6%	66.1%	—	—
25~36	72.2%	45.4%	48.3%	—	—
37~50	79.3%	—	50.4%	51.9%	—
51~65	87.9%	44.0%	39.6%	—	—
＞65	86.9%	41.0%	42.6%	—	—

公众意识分析结果对提高居民对城市生活垃圾分类收集的认识活动具有重要启示。政府应设计宣传活动，强化有效沟通渠道的功能，同时确保其他知识来源的有效性。此外，活动还应考虑到不同人群之间的差异，以最大限度地发挥活动的有效性。

图5-2比较了试点社区和非试点社区的知识来源分布情况。两类社区的受访者在不同知识来源的占比模式方面几乎相同。这一结果表明，试点项目采取的公众教育措施未能取得预期的成功。

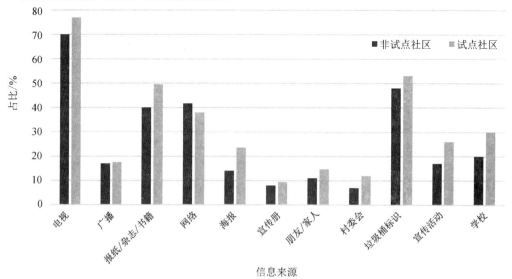

图5-2　试点社区和非试点社区受访者选择的不同知识来源占比分布

三、公众态度

公众参与城市生活垃圾分类收集的态度受到内在因素（如没有时间、缺乏储存空间、缺乏知识、操作太复杂、习惯混合收集、缺乏惩罚/奖励、缺乏立法/政策执行）和外在因素（如缺乏设施、源头分类后混合运输、社会压力）的影响。使用五点序数标度（没有、很少、有些、很多、显著）来评估每个因素对受访者态度的影响程度。图5-3显示了10个因素对受访者态度影响的平均值。平均值越高，表示相应因素越重要。根据图5-3，"源头分类后混合运输""缺乏设施""缺乏立法政策执行""习惯混合收集"和"社会压力"被列为最重要的因素，所有因素的平均值均大于3，表明这些因素至少对受访者的态度有一定影响。

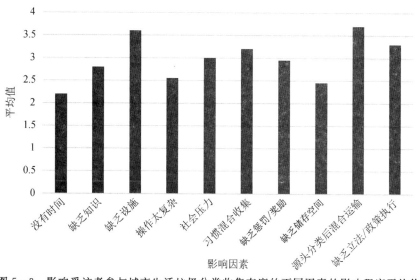

图 5 - 3　影响受访者参与城市生活垃圾分类收集态度的不同因素的影响程度平均值

通过二元逻辑回归分析确定了这些影响因素对态度的显著性。由于大多数受访者已经主动对有价值的垃圾进行分类（只有 6.5% 的受访者从未进行过任何垃圾分类），笔者评估了他们的环保意识（即他们对环境保护的态度）对他们参与城市生活垃圾分类收集的影响程度。在二元逻辑回归分析中，受访者的态度被设定为因变量，并将确定的 10 个影响因素和人口统计学因素（年龄、性别、受教育程度、家庭规模和月收入）设定为自变量。二元逻辑回归模型系数 β 如表 5 - 2 所示。由于 $p = 0.488 > 0.05$，Hosmer-Lemeshow 检验不显著，因此模型拟合度良好。

表 5 - 2　以受访者态度为因变量，以已确定的影响因素和人口统计学因素为自变量的二元逻辑模型的估计系数

自变量	β
没有时间	−0.049
缺乏知识	0.068
缺乏设施	−0.097
操作太复杂	−0.083
社会压力	−0.101
习惯混合收集	−0.143
缺乏惩罚/奖励	−0.229*
缺乏存储空间	−0.106
源头分类后混合运输	0.280**

续表

自变量	β
缺乏立法/政策执行	−0.004
年龄	−0.167
性别	0.374
受教育程度	−0.222**
家庭规模	−0.000
月收入	−0.113
Cox-Snell-R^2:0.109；Nagelkerke R^2:0.151	
−2Log Likelihood:456.822	
Hosmer-Lemeshow χ^2: 7.463（$p=0.488$）	
总体预测准确率:69.5%	

注:表示在*0.05水平上显著;**表示在0.01水平上显著。

　　由表5-2可知,只有两个因素"缺乏惩罚/奖励"（$\beta=-0.229$,$p=-0.029$）和"源头分类后混合运输"（$\beta=0.280$,$p=0.010$）对受访者参与城市生活垃圾分类收集的态度有显著影响。"缺乏惩罚/奖励"的系数为负,表明对参与城市生活垃圾分类收集持积极态度的受访者对经济激励的关注较少。这一结果与本研究对公众态度的定义一致,积极态度是由环境价值而非经济价值驱动的。一个新的观察结果是,持积极态度的受访者更关心潜在的"源头分类后混合运输"问题。这表明政府应该改善垃圾运输服务,否则,"源头分类后混合运输"可能会打击那些态度积极者的积极性,最终阻碍他们实施垃圾分类收集的行为。

　　分析还表明,较高的教育水平不一定总能产生积极的态度（$\beta=-0.222$,$p=-0.009$）。其他研究中国苏州垃圾分类和赞比亚坎帕拉垃圾分类的研究人员也观察到了这一现象。笔者进一步计算了受教育程度与影响因素之间的相关性,如表5-3所示。显然,受教育程度与10个影响因素中的9个（缺乏知识、缺乏设施、操作太复杂、社会压力、习惯混合收集、缺乏惩罚/奖励、缺乏存储空间、源头分类后混合运输以及缺乏立法/政策执行）呈显著正相关关系,并且所有相关性都显示出几乎同等的重要性。这证明了以下结论:受教育程度较高的受访者在决定他们对城市生活垃圾分类收集的态度时考虑了更多因素,而不仅仅是环境价值。

表5-3　受教育程度与影响因素之间的肯德尔 tau-b 相关系数

影响因素	相关系数
没有时间	−0.023
缺乏知识	0.070*

影响因素	相关系数
缺乏设施	0.142**
操作太复杂	0.100**
社会压力	0.088**
习惯混合收集	0.106**
缺乏惩罚/奖励	0.129**
缺乏存储空间	0.120**
源头分类后混合运输	0.124**
缺乏立法/政策执行	0.111**

注：*表示在 0.05 水平上显著；**表示在 0.01 水平上显著。

此外,本研究还通过独立样本 t 检验对试点社区和非试点社区进行了比较。分析显示,在所有影响因素中,两类社区的受访者在"缺乏时间"(试点：2.31 ± 1.206；非试点：2.05 ± 1.206；$p=0.012$)和"缺乏设施"(试点：3.58 ± 1.401；非试点：3.78 ± 1.304；$p=0.048$)两个方面存在显著差异。与非试点社区相比,试点社区的受访者对时间的关注度更高,对设施的关注度较低,这可能是因为试点社区建立了更多的设施。虽然试点期间提供的大多数设施已停止运行,但由于人们期望设施需求能够像以前一样得到满足,因此,试点社区的受访者更加关注其他影响因素。独立样本检验(试点：0.67 ± 0.47；非试点：0.58 ± 0.494；$p=0.012$)还显示,试点社区的受访者在参与城市生活垃圾分类收集的态度方面与非试点社区的受访者表现出显著差异。卡方独立性检验进一步证实了这一观察结果,表明态度与社区类型之间存在显著关联 $[\chi^2(1)=6.17, p=0.013]$。在试点社区和非试点社区的受访者中,对环保持积极态度的受访者占比分别为 67.1% 和 58.1%。两项测试的结果都表明,试点社区的受访者更愿意参与城市生活垃圾分类收集活动。这一观察可能意味着,尽管试点项目失败了,但其实施仍然对公众态度产生了一些积极影响。

四、垃圾处理费支付意愿

为了准确评估垃圾处理费的支付意愿,我们将年龄组 1(19 岁以下)的受访者排除在分析之外,因为他们大多数人没有收入,可能无法真实反映其实际的潜在支付意愿。目前,桂林市的垃圾收集服务每月收取固定费用。

我们设计了六个问题来评估受访者支付垃圾处理费的意愿。对于支付意愿 1、支付意愿 2 和支付意愿 3,回答格式为 3 分量表(1:否;2:不确定;3:是)。

1. 支付意愿 1:愿意为垃圾分类收集的专用垃圾袋付费。

2.支付意愿2：支持建立"多排多付、混合垃圾多付、源头分类少付"的垃圾收费新制度。

3.如果支付意愿2的答案是"是"，哪种垃圾收集收费方式最合理？

4.支付意愿3：愿意为建立生活垃圾分类收集处理平台付费。

5.如果支付意愿3的答案是"是"，收费的可接受范围是多少？

6.如果支付意愿3的答案是"否"，拒绝付费的理由是什么？

对于支付意愿1，43.5%的受访者愿意为专用垃圾袋付费，14.1%的受访者拒绝付费，42.4%的受访者态度不明确。

对于支付意愿2，大多数受访者（占比77%）愿意支持这一制度，只有极小比例的受访者（占比6.5%）反对这一制度。高接受率可能是因为桂林已经实施了家庭垃圾收费制度，居民已经习惯了要为家庭垃圾处理付费。此外，受访者预计新的收费制度将有利于他们的生活环境，如果在源头上进行垃圾分类，减少垃圾排放，他们可能有机会支付比以前更少的费用。对于接受收费制度的受访者，他们对支付方式的选择有所不同。最受欢迎的是基于家庭垃圾产生量的收费制度，其次是基于每月固定的收费制度和基于家庭规模的收费制度。

对于支付意愿3，56.7%的受访者愿意为该服务付费，这一数字高于伊朗等其他工业化国家的水平。受访者的支付意愿趋势与支付意愿1类似。然而，选择"否"的受访者占比要高得多，这可能是因为这是一笔额外的费用，而且受访者预计建立这样一个处理平台的成本很高。

对于愿意为回收平台付费的受访者，大多数人更愿意每月支付低于10元的费用（58.7%的人愿意每月支付1~5元，34.7%的人愿意每月支付6~10元）。这一偏好结果与广州居民的偏好结果相似。拒绝付费的受访者中，超过一半的受访者（占比64.4%）认为政府有责任支付这些设施的费用，这与一些学者的观点一致；"负担不起"（占比20%）和"谁扔垃圾谁付钱"（占比12.8%）是受访者拒绝付费的另外两个主要原因。

通过独立样本 t 检验评估了试点社区与非试点社区受访者对垃圾处理费支付意愿在支付意愿1（试点：2.32±0.7；非试点：2.25±0.697；p=0.199）、支付意愿2（试点：2.73±0.533；非试点：2.66±0.66；p=0.188）和支付意愿3（试点：2.4±0.79；非试点：2.29±0.827；$p=0.098$）方面的差异，结果显示试点社区与非试点社区之间无显著差异。

本研究通过线性回归分析确定了支付意愿的影响因素。首先采用基于主成分法的因子分析，从三个支付意愿变量（支付意愿1、支付意愿2、支付意愿3）中提取出一个新变量，记为 $X_{支付意愿}$。然后在线性回归分析中，将 $X_{支付意愿}$ 设为因变量，将年龄、性别、受教育程度、月收入设为自变量。因子分析（主成分分析）结果显示，三个变量的克龙巴赫 α 系数为0.523，新提取的变量可以解释51.983%的变异。

　　表 5-4 显示了提取因子、$X_{支付意愿}$ 和受访者人口统计数据之间的双变量相关性。从表中可看出,受访者的支付意愿与年龄、性别呈很强的正相关关系。这可能是因为年长的受访者在过去几年中亲身经历了社区卫生状况的改善,因此他们更加意识到有效垃圾管理的重要性,并更愿意为这种改善做出贡献。此外,由于女性往往比男性承担更多的垃圾处理责任,因此她们表现出更高的支付意愿。与之前的研究相反,受访者的支付意愿与受教育程度呈负相关关系。这种负相关再次证实了我们之前的观察结果,即较高的受教育程度并不意味着其对参与城市生活垃圾分类收集持积极态度。

表 5-4　受访者支付意愿与人口统计因素之间的肯德尔 tau-b 相关系数

人口统计因素	相关系数
年龄	0.155 **
性别	0.067 *
受教育程度	−0.092 **
家庭规模	−0.015
月收入	0.046

注: * 表示在 0.05 水平上显著; ** 表示在 0.01 水平上显著。

　　在 $X_{支付意愿}$ 与人口统计因素之间建立线性回归模型,其系数如表 5-5 所示。年龄和性别两个因素显著影响受访者的支付意愿,且均有正向影响。

表 5-5　年龄、性别、受教育程度、家庭规模和收入与支付意愿的线性回归模型

模型	标准化系数		
	β	T	Sig.
年龄	0.149 **	3.268	0.001
性别	0.113 **	2.746	0.006
受教育程度	−0.034	−0.754	0.451
家庭规模	0.042	0.994	0.321
收入	0.078	1.848	0.065

注: $R^2 = 0.041$,调整后 $R^2 = 0.033$; ANOVA(方差分析): $F = 4.924$, $p < 0.001$; * 表示在 0.05 水平上显著; ** 表示在 0.01 水平上显著。

　　本研究通过使用多项逻辑回归模型评估影响受访者支付方式选择偏好的因素。以现实中已经实施的按月固定收费方式为基准,人口统计因素包括年龄、性别、受教育程度和月收入。多项逻辑回归模型的系数总结在表 5-6 中。老年受访者认为按家庭规模收费方式比按月固定收费方式更合适,这可能是因为老年人通常独居,因此如果按家庭规模收费,他们可以支付更少的垃圾处理服务费用。而家庭规模较大的受访者更喜欢选择按月固定收费的方式,而不是按家庭规模或垃圾产生量收费的方式,这并不奇怪。在我们的采访中,大多数受访者认为,大家庭并不一定比小家庭产生更多的垃圾。事实上,有研究表明,人均家庭垃圾产生量随着家庭规模的扩大而减少。此外,按月固定收费方式也可能降低他们在实际产生更多垃圾时支付更多费用的可能性。受教育程度较高的受访者对按月固定收费方式的偏好较低,这表明受教育程度较高的受访者更喜欢复杂但更准确的收费方式。

表 5-6　以每月固定收费方式为参照的不同收费系统的多项式逻辑回归模型

自变量	因变量	β	Sig.
家庭规模	截距	−3.093	0.002
	年龄	0.477**	0.000
	性别	0.189	0.455
	受教育程度	0.283**	0.005
	家庭规模	−0.159	0.090
	收入	0.003	0.984
产生的垃圾量	截距	−1.185	0.178
	年龄	0.151	0.123
	性别	−0.041	0.851
	受教育程度	0.355**	0.000
	家庭规模	−0.178*	0.028
	收入	−0.075	0.501
住宅面积	截距	−4.071	0.011
	年龄	0.319	0.057
	性别	0.014	0.971
	受教育程度	0.407*	0.013
	家庭规模	−0.149	0.309
	收入	−0.068	0.732

注:* 表示在 0.05 水平上显著;** 表示在 0.01 水平上显著。

第五节　鼓励城市居民参与生活垃圾分类收集的策略

目前,中国在城市生活垃圾管理方面面临着一些问题。现有试点项目在实施生活垃圾分类收集方面效果不佳,需要我们分析影响公众参与生活垃圾分类活动的因素。为此,本研究对桂林市的生活垃圾分类收集进行了全面分析。本研究通过面对面访谈、问卷调查等方式以及对公众认知、公众意识、公众态度及支付意愿的理论分析,确定了垃圾分类收集的现状及其实施中的影响因素,为我国决策者设计垃圾分类、回收政策和推广公众教育活动提供了可行的建议,具体的建议总结如下。

一、提高公众参度与认知水平

加强宣传教育、培训指导和激励机制是提高公众参与垃圾分类的重要措施。具体措施有:①加强宣传教育。在社区内组织垃圾分类知识讲座、宣传等活动,让居民了解垃圾分类的重要性和具体操作方法。在中小学课程中加入垃圾分类的内容,通过"小手拉大手"的方式带动整个家庭成员的参与。利用电视、广播、报纸、杂志、书籍、社交媒体等多种渠道进行宣传,提高公众对垃圾分类的认知。②进行培训指导。安排垃圾分类志愿者或者工作人员在社区内提供指导,解答居民疑问,帮助他们掌握垃圾分类技巧。③采取激励机制。对积极参与垃圾分类的居民、家庭或社区给予物质奖励或积分奖励,以此激励更多的人参与垃圾分类。

同时,宣传教育活动中应清晰展示每一个城市生活垃圾分类收集计划的潜在好处。①在资源回收利用方面,分类收集可以提高可回收材料(如塑料、纸张、金属等)的回收率,减少资源浪费,保护自然资源。②在环境保护方面,分类收集可以减少垃圾填埋场的数量和面积,降低土壤和地下水污染。③在经济效益方面,垃圾分类和回收行业的发展可创造新的就业机会,促进地方经济发展。④在社区健康方面,分类收集可以减少垃圾中的有机物,减少蚊蝇、老鼠等病媒生物的滋生,降低疾病传播的风险。⑤在社会效益方面,一个清洁、环保的城市形象有助于吸引旅游和投资,提升城市的整体竞争力。

二、避免生活垃圾混合运输

避免生活垃圾混合运输的具体措施包括:①分配专用车辆,即为每类垃圾(如可回收垃圾、有害垃圾、厨余垃圾、其他垃圾)分配专用运输车辆,确保不同类别的垃圾在运输过程中不混合。②建立培训和监督制度,对垃圾运输司机进行全面培训,确保他们了解和遵守分类运输的要求。③建立严格的监督机制,定期检查和评估运输过程中的分类执行情况,对违规行为进行处罚。④保持信息透明,定期向公众公开垃圾分类运输的执行情况。

三、设计差异化的垃圾收费方式

根据居民偏好的差异性为不同人群设计不同的垃圾收费方式，以满足多元化需求。①对于老年人采用按家庭规模收费，减轻独居老年人的经济负担。②对于规模较大的家庭采用按月固定收费方式，避免大家庭因产生更多垃圾而负担过重。③对于受教育程度较高的人采用复杂但更精确的收费方式等，满足他们对公平和精确度的需求。

四、总结和推广试点经验

具体措施包括：①在总结试点项目经验的基础上，逐步扩大试点范围。②出台相关政策和法规，明确垃圾分类的标准和要求，确保政策有法可依、有章可循。③提供专项资金支持试点项目的实施，包括垃圾分类设施的建设、宣传教育的开展和工作人员的培训等。通过以上措施，可以有效提升公众对垃圾分类的参与度和支持度，从而推动城市生活垃圾分类收集工作的顺利开展，实现环境保护和资源利用的双重目标。

第六节　章节总结

垃圾分类收集的实施是一个复杂的过程，受到许多内在和外在因素的影响。作为这一过程的主要参与者，个人的认知、意识和态度在决定城市生活垃圾分类收集最终能否成功方面发挥着重要作用。如何鼓励公众参与垃圾管理已成为地方当局和中央政府面临的重大挑战。本研究的一些主要发现和启示总结如下。

与中国其他城市的居民情况一致，虽然桂林的大多数居民希望他们的生活环境状况有所改善，但他们也或多或少地接受了现状。随着中国经济和城市化的进一步发展，居民对更好生活条件的需求将会进一步增加。此外，居民对生活条件改善的认知的提高会促使他们更愿意参与更先进、更复杂的城市生活垃圾管理计划。这再次证实了公众教育对公众参与生活垃圾分类收集计划的重要性。在垃圾分类宣传活动中应清晰地展示城市生活垃圾分类收集的潜在好处。

尽管电视、网络、报纸、杂志和书籍在公共教育中的作用已在相关文献中得到广泛认可，但另一种更方便的方式，即垃圾桶标识，却很少得到研究人员和决策者的关注。从笔者的分析结果来看，垃圾桶标识被列为公众获取垃圾分类三大知识来源之一，是教育各年龄段居民进行城市生活垃圾分类收集有效且经济的方法。因此，相关政府部门应重视这种教育方法的有效性，并通过设计更一致、更清晰、更易于理解的标识，充分利用它来提高公众参与垃圾分类的意识。

设计的城市生活垃圾分类收集政策应包括促进公众参与的综合措施。这些措施可能包括提高便利性、改善设施、引入激励机制以及加强法律法规的执行。然而，当资源有限时，政府应首先升级垃圾运输服务，避免出现混合运输，这在笔者的分析中被认为是影响公众态度的最重要因素。

桂林居民表现出对先进收费系统较高的支付意愿。尽管文献中对人口统计因素与居民支付意愿之间的关系有模棱两可的观察，但笔者的分析表明，老年人更喜欢基于家庭规模的收费方式，而大家庭则更喜欢保持目前按月固定收费方式。因此，政府很难设计出一种适合不同群体偏好的支付方式。此外，居民偏好的差异性要求地方和中央政府采取适合不同人群的不同方式，加强对城市生活垃圾分类收集项目的公众教育，以便无论哪个群体的居民都对拟议项目的实施产生积极的态度。

虽然 2000 年在桂林启动的试点项目并不是很成功，但试点社区的居民与非试点社区的居民相比，在公众认知和公众态度方面仍然表现出一些明显的差异。试点社区的居民对改善生活环境的期望更高，对参与垃圾分类项目的态度也更积极。研究结果再次证实了类似观察，即实施试点项目对于在城市层面积极推动城市生活垃圾分类收集的实施非常重要。此外，通过试点项目，政府可以获得垃圾特性、垃圾管理技术等宝贵数据和实施经验，这将有助于政府设计出更有效的城市生活垃圾管理系统。然而，桂林试点项目实施效果不理想的经验凸显了地方政府和中央政府在推动试点项目持续开展方面所面临的重大挑战。

综上所述，加强垃圾分类宣传教育、有效利用垃圾桶标识、采取综合措施促进公众参与、设计灵活的收费系统以及总结试点项目的经验与教训，将有助于提高公众对垃圾分类收集的参与度和支持度，推动城市生活垃圾管理工作的顺利开展。

第六章

农村垃圾分类回收行为的探讨与分析

第一节　问题与意义

　　随着我国经济的飞速发展和农村居民生活方式的转变,农村生活垃圾的数量和构成发生了重大变化。2011年,农村生活垃圾的产生量已超过2亿吨,农村生活垃圾的产生量将继续增加的这一既定事实已被广泛接受。据统计,2022年,农村生活垃圾的产生量已接近3亿吨,并且仍呈上升趋势,其中不足50%的垃圾得到了无害化处理,四分之一的垃圾未能得到妥善的收集与处理。与此同时,由于包装和加工商品的消费需求不断增长,农村生活垃圾的构成变得越来越复杂,与城市生活垃圾十分相似。

　　然而,在探索人与自然和谐共处的道路上,生活垃圾分类不仅是保护环境、守护家园的重要举措,更是减污降排、改善人居环境的有力保障。特别是在农村,垃圾分类治理作为推进人居环境整治的重要环节,对建设美丽乡村和促进乡村振兴具有十分重要的意义。农村居民既是农村生活垃圾产生的源头,也是实施分类治理的实施者和直接受益者,他们在改善农村人居环境中扮演着至关重要的角色,是实施垃圾分类治理的关键。因此,如何有效地促进农村居民参与农村垃圾分类与回收活动,已成为当前亟待解决的问题。

　　尽管城市生活垃圾管理领域的研究相对成熟,但在我国,农村生活垃圾管理却未受到同等关注。这一现象主要归因于农村居住条件的分散性、居住密度相对较低以及历史上较为单一的垃圾构成。传统意义上,农村生活垃圾多被用作堆肥材料或饲养牲畜。然而,由于农村的基础设施建设和立法制度落后,导致农村生活垃圾处理率很低,2015年农村生活垃圾处理率仅为13.96%,大量垃圾被随意倾倒于河岸或农田,对水生系统和生态环境造成了严重破坏,并对农村居民的健康和生活质量造成了有害影响。报道显示,超过半数的村庄由于生活垃圾而遭受污染。考虑到我国农村面积占国土面积的90%以上,因此,建立一个可持续的农村生活垃圾管理系统迫在眉睫。

　　与城市生活垃圾管理类似,垃圾分类也被认为是处理农村生活垃圾的一种有效方法。通常情况下,我国农村生活垃圾由易降解垃圾(占比约50%)、灰渣(占比10%~20%)以及可回收材料(占比10%)构成。因此,通过易于降解的垃圾堆肥、现场填埋灰渣以及垃圾回收利用,可以从源头上减少70%以上的农村生活垃圾,从而进一步降低33%的管理成本。

近年来,农村生活垃圾管理已经引起了研究者的关注。大多数文献着重于分析农村生活垃圾的特征(如产生和构成)以及处理技术和方法。然而,鲜有研究侧重于探讨农村居民在垃圾管理中的作用以及影响他们参与垃圾分类的社会因素。一项在中国沿海省份广东省的一个村庄进行的案例研究,专门评估了公众对农村生活垃圾分类的看法,分析焦点在于居民对生活垃圾收集和新环境范式的看法。研究着重于如何激励公众参与垃圾分类以及如何维持一个有效的可回收物市场,这被确定为决策过程中的主要考虑因素。此外,尽管存在一些针对公众参与城市生活垃圾管理的研究,但由于城市居民与农村居民在经济状况、生活方式、受教育程度等方面存在差异,简单地将观察范围从城市生活垃圾管理扩展到农村生活垃圾管理是不明智的,可能会导致决策错误。

制度化建设是推动政策措施有效实施的重要保障。建立健全农村生活垃圾分类处理制度是不断提升农村生态环境、助力乡村振兴战略顺利实施的根本途径。从中央层面来看,随着一系列中央政策文件的出台,农村生活垃圾分类处理的制度化在一定程度上得到了加强。自2006年以来,国家先后出台《关于加强农村环境保护工作的意见》(国办发〔2007〕63号)、《国务院办公厅转发环境保护部等部门关于实行"以奖促治"加快解决突出的农村环境问题实施方案的通知》(国办发〔2009〕11号)、《国务院关于加强环境保护重点工作的意见》(国发〔2011〕35号)等文件,这些政策文件不仅强调了农村环境保护的紧迫性和重要性,鼓励在农村建立"户分类、村收集、乡转运、县处理"的四级垃圾收运体系,而且明确提出了农村环境保护的指导思想、基本原则、主要目标以及农村环境保护工作所要着力解决的突出环境问题,并规定了一系列强化农村环境保护工作的具体措施,为农村生活垃圾治理工作提供了明确的方向和政策支持。

近年来,国家有关部委大力推进发挥农村居民在生活垃圾分类和资源化利用工作中的重要作用。2018年2月,中共中央办公厅、国务院办公厅发布的《农村人居环境整治三年行动方案》要求把"村民主体、激发动力"作为基本原则之一,把农村生活垃圾治理作为农村人居环境整治的重点任务,并强调要发挥农村居民的主体作用。2021年12月,中共中央办公厅、国务院办公厅印发的《农村人居环境整治提升五年行动方案(2021—2025年)》再次强调了农村居民的主体地位,指出"坚持问需于民,突出农民主体。充分体现乡村建设为农民而建,尊重村民意愿,激发内生动力,保障村民知情权、参与权、表达权、监督权。坚持地方为主,强化地方党委和政府责任,鼓励社会力量积极参与,构建政府、市场主体、村集体、村民等多方共建共管格局"。

长期生活在农村的居民,既是农村生活垃圾产生的源头,也是农村生活垃圾污染的牺牲者,更是农村生活垃圾治理成果的受益者。所以,在农村生活垃圾治理过程中,农村居民的主动参与是非常关键的,他们是推进这一项工作不可或缺的一个要素。因此,应该充分发挥农村居民的作用,提高农村居民参与的积极性和参与能动性,为农村生活垃圾治理贡献居民应有的力量。

自 2007 年起,广西壮族自治区人民政府积极响应国家关于生态文明建设的号召,印发了《生态广西建设规划纲要》(桂政发〔2007〕34 号),明确提出了加快城镇生活垃圾分类收集、无害化处理设施建设的步伐,并强调了垃圾资源化回收利用的重要性。该规划纲要不仅强化了对农村环境保护的力度,有效控制了农村环境污染,还提出了全区农村小康环保行动计划,旨在通过开展村庄环境综合整治和环境优美乡镇创建等措施,因地制宜地妥善处理生活垃圾和污水。

此后,广西相继发布了一系列政策文件,如《关于广西壮族自治区国民经济和社会发展第十二个五年规划纲要主要任务分工方案的通知》(桂政办发〔2011〕201号)、《关于乡土特色建设示范工作方案的通知》(桂政办发〔2015〕60 号)等,这些政策文件均强调了推进城镇生活垃圾分类收集、县域生活垃圾"村收、镇运、县处理"体系的重要性,并提出了深化"美丽广西·乡村建设"活动方案,加快建立长效机制,形成垃圾处理的常态化模式。截至 2022 年底,广西壮族自治区生活垃圾分类工作全面铺开,除南宁市实现全覆盖外,其余 13 个区(市)基本建成了生活垃圾分类示范片区 43 个、示范点 306 个,逐步扩大了示范片区范围。

桂林市在认真贯彻落实党中央、国务院以及地方政府关于农村环境综合整治的决策部署时,以"美丽广西·乡村建设"为抓手,突出重点、抓点带面、全域统筹推进农村生活垃圾治理工作。为了确保这一重要工作的顺利进行,桂林市切实加大地方财政对农村生活垃圾治理工作的资金投入,将生活垃圾管理工作所需的经费纳入财政预算,分别设立乡村振兴和农村环保的专项资金。此外,桂林市还用好用活中央和省市县各级的专项资金,打好"组合拳",集中补"短板",稳扎稳打地推进农村生活垃圾治理和农村人居环境的整体提升。

因此,在广西壮族自治区积极推进农村生活垃圾分类处理工作的背景下,分析农村居民垃圾分类回收行为及影响因素,对于进一步提升当地农村生活垃圾分类处理水平、为推进农村人居环境整治提供新的思路具有积极的意义。

为了填补现有文献的缺陷,笔者对中国农村居民参与农村生活垃圾分类收集进行了综合评价。这些分析是基于对广西壮族自治区桂林市村庄的实地调查收集的数据,研究关注公众感知、公众意识、公众态度和支付垃圾管理费用的意愿。数据分析显示,农村居民参与垃圾分类收集与城市居民相比存在显著差异,这对于政府和相关管理部门在促进垃圾分类管理的科学决策中具有重要意义。本研究的目的是找出中国农村地区实施垃圾分类收集的社会人口影响因素,更好地了解公众参与农村生活垃圾分类收集的情况,并为政府设计更有效的农村生活垃圾管理的政策方案提供建议。

第二节　研究方法与数据收集

一、选址

笔者之前在中国广西壮族自治区桂林市的农村地区进行了一次实地调查,深入了解了当地农村生活垃圾的管理现状。桂林市是建设部(现为中华人民共和国住房和城乡建设部)于 2000 年启动的城市生活垃圾分类收集的试点城市之一。2023 年,广西 GDP 为 27202.39 亿元,同比增长 40%,GDP 全国排名第 19 位;桂林市 GDP 为 2523.47 亿元,同比增长 3.5%,GDP 在省内排名第 3,在全国地级以上城市中综合排第 105 名。因此,选择桂林市为调研地点,不仅能够对中国农村地区生活垃圾管理现状有深入了解,还能够为评估垃圾分类政策在相对欠发达地区的实施效果提供有力的案例研究经验。

二、数据收集

抽样程序遵循芭比的多阶段抽样方法。首先,本研究选择了桂林市下辖的两个县作为调研对象。为了更加准确地反映这些地区的农村生活垃圾管理状况,我们选择了一个建立了垃圾填埋场的临桂县(现为临桂区)和一个没有建立垃圾填埋场的灵川县作为调研对象。其次,在与当地县政府工作人员协商的基础上,进行第二阶段的抽样,即进一步在两个县中选择具有代表性的村庄进行详细调研。在临桂县分别选取了两个具备良好和一般卫生条件的村庄以及一个具有少数民族特色的瑶族村庄,共有 170 名农村居民参与了我们的调查;在灵川县分别选取了卫生条件较好和一般的两个村庄,共有 145 名村民参与了调查。在调查中,每个家庭中所有符合最低年龄要求(7 岁及以上)的成员都以问卷的方式进行访谈。由于 7 岁以下的儿童年龄太小,可能无法完全理解问卷,因此要求调查对象的年龄至少为 7 岁。对于调查时家里没有人的家庭,调查人员试图在农田里或晚些时候再进行第二次访问。此次调查共收集有效问卷 312 份。

需要指出的是,由于大多数农村年轻人倾向于到城市寻求就业机会,导致留在农村的居民主要是老年人和儿童。年轻村民(7~18 岁)是农村生活垃圾管理的重要参与者,因为他们既是垃圾的产生者,也是管理家庭垃圾的贡献者,并能对家庭成员的环境行为产生影响。因此,为了全面了解农村生活垃圾分类收集情况,有必要将年轻受访者纳入调查范围。事实上,年轻受访者已经被其他研究人员考虑过。

问卷设计包括了李克特量表、单项选择题和多项选择题。其中,问卷分别设置了受访者的人口特征、居民对村庄生活条件及生活垃圾收集设施和服务的看法、居民对农村生活垃圾分类收集的认知、居民对农村生活垃圾源分类收集的态度四个主要主题。

在正式开展实地调查前,问卷经过了预先测试,以确保内容的准确性、语言的清晰性和长度的适当性,并根据测试结果进行了相应的调整。测试过程涉及了调查助理和居住在选定地区附近村庄的居民在内的 61 名参与者,以确保问卷设计的科学性和实用性。此外,在调查过程中,所有志愿者都必须有在农村生活的经历,并能听懂当地方言。最终,通过精心准备和周密组织,本研究成功收集了 312 份有效问卷,为深入分析农村生活垃圾管理提供了宝贵的数据支持。调查数据首先在 Excel 中进行整理,随后使用社会科学统计软件 SPSS 进行详细分析,为研究农村地区生活垃圾分类管理的现状与挑战提供了实证基础。

三、分析方法

非线性回归分析是一种合理的建模方法,主要用于评估不同的社会人口因素对期望的垃圾管理变量的相对重要性。具体而言,我们使用二元逻辑(是/否的二分选择)回归来确定受访者的环保态度与影响因素之间的关系强度,并使用多项逻辑回归模型来评估受访者在选择多种收费系统时的偏好。按照惯例,当 p 值小于 0.05 时,则被认为是显著的。

(一)二元逻辑回归模型

在研究中,为了探究农村居民的环保态度与各种潜在因素之间的关系,我们采用了二元逻辑回归模型。该模型适用于因变量为二分类的情形,即在本案例中,受访者的环保态度被归类为肯定(是＝1)或否定(否＝0)。基于此,我们构建了以下二元逻辑回归模型。

$$\text{Logistic}(P) = \beta_0 + \beta_1 X_1 + \beta_2 X_2 + \beta_3 X_3 + \cdots + \beta_{10} X_{10} + \varepsilon_i \qquad (6-1)$$

式中:P 代表受访者持有环保态度的概率;$X_1, X_2, X_3, \cdots, X_{10}$ 代表影响受访者环保态度的各种因素,即没有时间(X_1)、缺乏知识(X_2)、缺乏设施(X_3)、操作太复杂(X_4)、社会压力(X_5)、习惯混合收集(X_6)、缺乏惩罚/奖励(X_7)、缺乏存储空间(X_8)、源头分类后混合运输(X_9)、缺乏立法/政策执行(X_{10});β_0 是截距项,β_1, $\beta_2, \beta_3, \cdots, \beta_{10}$ 是这些因素的回归系数,表明了每个因素对受访者持有环保态度概率的影响大小;ε_i 是误差项。

通过二元逻辑回归模型的应用,我们能够量化各个因素对农村居民环保态度的影响,从而识别哪些因素最有可能促进或阻碍环保态度的形成。例如,如果某个系数 β_i 的估计值显著大于 0,则表明相应的因素 X_i 与积极的环保态度正相关;相反,如果系数小于 0,则表明该因素与积极的环保态度负相关。通过这种方式,二元逻辑回归模型为我们提供了深入了解和改进农村地区环保教育和政策制定的重要工具。

(二)多项逻辑回归模型

在研究中,当我们面对的因变量不再是简单的二分类问题,而是包含多个可能结果时,多项逻辑回归模型便成为一种更为适用的分析工具。这种模型能够处理因变量有多个类别的情况,如受访者对于多种收费系统的偏好。多项逻辑回归模型的核心在于通过选择一个参照组(或称基准组),来比较其他各组与该参照组的对数概率差异,以此来建立每个类别相对于参照组的线性回归方程,计算公式如下:

$$\ln\left(\frac{P_j}{P_J}\right) = \beta_0 + \sum_{i=1}^{k} \beta_i \chi_i \qquad (6-2)$$

式中:P_j 表示受访者属于第 j 类的概率;P_J 表示受访者属于参照组(第 J 类)的概率。通过这种方式,我们可以分析不同类别相对于参照类的概率比,从而对不同类别间的差异进行量化并进行解释。

如果我们的研究变量中被解释变量"受访者在选择多种收费系统时的偏好"包含 a、b、c 三个类别,并以 c 类别作为参照组,那么我们需要建立以下两个线性模型:一个是比较 a 类别和 c 类别,另一个是比较 b 类别和 c 类别,计算公式如下:

$$\text{Logit}P_a = \ln\left(\frac{P(y=a \mid x)}{P(y=c \mid x)}\right) = \beta_0^a + \sum_{i=1}^{k} \beta_i^a \chi_i \qquad (6-3)$$

$$\text{Logit}P_b = \ln\left(\frac{P(y=b \mid x)}{P(y=c \mid x)}\right) = \beta_0^b + \sum_{i=1}^{k} \beta_i^b \chi_i \qquad (6-4)$$

式(6-3)和式(6-4)分别表示了这两种比较的 Logit 模型,其中 β_0^a 和 β_0^b 分别是两个模型的截距项,而 β_i^a 和 β_i^b 分别是对应于每个影响因素的回归系数。这些系数反映了相关因素对于受访者选择 a 类别和 b 类别相对于 c 类别(参照组)的影响程度。

通过这种分析方法,研究者不仅可以探究各类别间的差异,还可以深入了解影响受访者选择特定类别的各种因素。多项逻辑回归模型提供了一种强有力的工具,用于处理因变量具有多个类别的复杂情境,使我们能够更加精确地理解和预测受访者的选择偏好及其背后的影响因素。

第三节　农村生活垃圾的处理现状和公众参与现状

一、农村生活垃圾的处理现状

经过多年的发展,我国农村生活垃圾的收集和处理工作取得了显著的进展。

随着基础设施的不断改善和治理资金的持续投入，农村的环境状况得到了有效的改善。然而，尽管取得了一定的成就，农村生活垃圾的无害化处理率尚未达到理想水平，而且不同地区间在处理能力方面存在显著差异。

（1）虽然农村生活垃圾收集率和处理率有了显著提高，但无害化处理率较低，且存在明显的地区差异。相关数据显示，对生活垃圾进行处理的行政村的比例从2006年的5.5%持续提升到2016年的65%，增加了59.5个百分点；有生活垃圾收集点的行政村比例从2006年的10.9%持续提高到2014年的64%，增加了约53个百分点。从乡、镇一级来看，生活垃圾处理率更高，但是无害化处理率较低。以2022年为例，全国乡、镇生活垃圾处理率分别为82.99%和92.34%，无害化处理率分别为62.3%和80.38%，但是相较于2017年全国乡、镇生活垃圾无害化处理率（分别为23.62%和51.17%）有了大幅度的提高。此外，东部地区在生活垃圾处理和无害化处理方面远远领先于中西部地区。东部乡、镇生活垃圾处理率和无害化处理率远高于中西部乡、镇。2022年，东部乡、镇生活垃圾处理率分别为90.64%和87.25%，其中中部乡、镇分别为77.54%和80.78%，西部乡、镇分别为78.07%和84.34%。但是从无害化处理率看，东部乡、镇农村生活垃圾无害化处理率分别为84%和80.63%，中部乡、镇分别为60.99%和64.55%，西部乡、镇分别仅为44.34%和57.17%。

（2）农村生活垃圾基础设施有了较大的改善，乡、镇拥有的环卫车辆设备和垃圾中转站在数量上有了明显提高。统计数据显示，建制乡和镇环卫专用车辆设备从2006的4.81万台和0.88万台分别增长到2022年的11.50万台和2.70万台，有了数倍的增加。此外，乡、镇拥有的垃圾中转站的数量也在缓慢增长中，分别从2007年的2.25万座和0.46万座增长到2022年的2.65万座和0.85万座。由此可见，农村垃圾处理的基础设施条件有了很大的改善。

（3）农村生活垃圾处理资金投入力度不断增加，这在一定程度上促进了农村生活垃圾处理能力的提升。统计数据显示，农村乡、镇垃圾处理资金分别从2007年的1.15亿元、13.83亿元增加到2022年的11.45亿元、111.85亿元，增长显著。此外，2014—2022年，行政村垃圾治理资金的投入量从63.2亿元增长到183.63亿元，增长量和绝对值都赶超同期乡、镇垃圾处理资金的投入。这充分说明了国家对农村垃圾治理问题的重视和决心。尽管已经取得了一定的成就，但我国农村生活垃圾的无害化处理率仍然有待提高，地区间的差异也需要通过进一步的政策支持和投资来缩小。未来的工作需要侧重于继续加强农村环卫基础设施建设，增加治理资金投入，并通过技术创新和政策完善提高农村生活垃圾的无害化处理水平，以实现农村环境的持续改善和乡村振兴战略的全面实施。

二、农村公众参与垃圾分类的现状

本节对现场调查收集的数据进行了分析,评估了村民参与农村生活垃圾分类收集的情况,并对被调查者的人口统计数据进行了总结。

为了便于分析,我们将所有受访者按年龄分为以下六个类别:不超过 18 岁、19～24 岁、25～36 岁、37～50 岁、51～65 岁和大于 65 岁。各年龄组受访者的比例分别为 19.9%、2.6%、17.3%、18.9%、22.4%和 18.9%。相对较低的年轻人比例反映了我国农村的普遍现象,即大多数年轻人移居到城市工作,多数儿童和老年人留守在农村。因此,儿童和老年人成为农村日常生活垃圾产生和潜在分类收集的主要群体。

受访者的教育水平总体较低。多数受访者(占比 82.9%)的受教育程度为小学或初中或高中,14.5%的受访者是文盲,只有极少数人(占比 1.0%)拥有本科学历。在文盲受访者中,86.6%的人年龄在 50 岁以上。

此外,多数受访者的月人均收入低于 3000 元,平均家庭规模为 4.10 人,调查对象性别分布较为均衡(男性占比 47.1%,女性占比 52.9%)。受访者的主要生计来源为务农(占比 54.5%)和外出务工(占比 22.3%)。表 6-1 展示了受访者的人口统计特征。

表 6-1　312 名调查对象的人口统计学描述统计

类别	统计项	占比/%
年龄/岁	7～18	19.9
	19～24	2.6
	25～36	17.3
	37～50	18.9
	51～65	22.4
	大于 65	18.9
性别	男	47.1
	女	52.9
受教育程度	文盲	14.5
	小学	33.9
	初中	34.8
	高中	14.2
	大专	1.6
	本科	1.0
	研究生	0

类别	统计项	占比/%
家庭人口/人	1	6.7
	2	13.0
	3	18.2
	4	19.8
	5	18.2
	6	16.2
	大于 6	7.9
月收入/元	0～1000	49.0
	1001～3000	34.9
	3001～5000	12.9
	5001～8000	2.7
	大于 8000	0.4

在对农村生活垃圾分类和回收的调查中,我们发现大多数受访者都在一定程度上参与了家庭生活垃圾分类和回收工作,尽管大多数此类垃圾都有出售价值。只有 0.3％的受访者从未做过垃圾分类,这与广州市农村家庭垃圾回收的普及率是一致的。然而,考虑到公众对农村生活垃圾分类收集的认知度相对较低,这意味着许多受访者的回收行为可能并非出于对环境保护的动机,而是出于其他原因,如出售垃圾以获取经济利益。这种自发的回收行为虽然对减少垃圾量和资源回收有一定的积极作用,但可能不足以推动全面的垃圾分类和回收工作。如图 6-1 所示,金属是最受欢迎的分类收集垃圾(占比 63.0％),这可能是因为金属具有较高的回收价值,可以为家庭带来一定的经济收益。其次是塑料(占比 55.1％)、瓶子(占比 54.8％)、玻璃(占比 48.5％)、纸张(占比 47.5％)和废旧电池(占比 40.6％)。这些数据表明,受访者更倾向于对具有经济价值的垃圾进行分类和回收。相比之下,食物垃圾的分类收集率相对较低,只有 17.5％的受访者进行了食物垃圾的分类。研究表明,食物垃圾回收率低可能与家庭的家禽养殖比例降低有关。在过去,食物垃圾常被用作家禽的饲料,因此家庭有动力对其进行分类。然而,随着家禽养殖数量的减少,食物垃圾的分类和回收需求也随之降低。

为了进一步提高农村生活垃圾分类和回收的效率,需要采取多种措施。①应加强对农村垃圾分类和回收重要性的认识,提高他们对环境问题的关注。②可以通过经济激励措施,如回收补贴或奖励等,鼓励农村居民更加积极地参与垃圾分类和回收工作。③政府和社区可以提供更多的垃圾分类收集设施和回收服务,方便农村

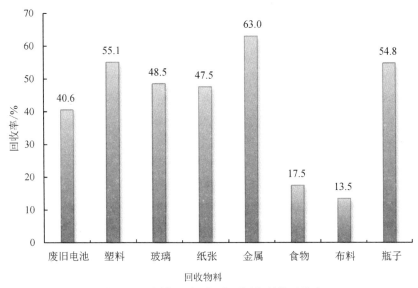

图 6-1　农村生活垃圾中不同物料的回收率

居民进行垃圾的分类和回收工作。④加强对食物垃圾等低价值垃圾的分类和回收，以实现垃圾减量和资源的最大化利用。

总之，虽然农村家庭在垃圾分类和回收方面已经取得了一定的进展，但仍有很大的提升空间。通过提高公众意识、提供经济激励、改善基础设施和加强政策支持等措施，可以进一步推动农村生活垃圾分类和回收的发展，为建设绿色、可持续的农村环境做出贡献。

第四节　农村生活垃圾分类的影响因素

本节内容旨在通过对农村居民的认知、意识、态度和支付意愿进行统计分析，从而找出影响农村居民参与生活垃圾分类的因素。

一、公众对农村生活垃圾分类收集的认知

公众的看法反映了村一级及更普遍层面的受访者观点。在村一级中，受访者被要求评价他们所居住村庄的卫生状况[问题分为：(1)非常干净；(2)干净；(3)需要改善；(4)差]、随意乱扔垃圾的频率[问题分为：(1)经常；(2)偶尔；(3)从不]、对垃圾桶数量的满意度[问题分为：(1)满意；(2)一般；(3)不满意]、对垃圾桶位置的满意度[问题分为：(1)满意；(2)一般；(3)不满意]。

在调查中，农村居民普遍认为他们的生活条件和周边环境有所改善。仅有4.5%的受访者认为他们居住区域的整洁程度较差，45%的受访者认为可以接受，

但他们提出了进一步改善的要求。公共垃圾桶划分为三个等级[（1）满意、（2）一般、（3）不满意]，这些公共垃圾桶的数量和位置的满意度均被评为"一般"等级，平均值（以平均值±标准差表示）分别为 1.90±0.789 和 1.73±0.761。

在更普遍的层面上，受访者被问及垃圾分类收集法例/政策、法例执行情况、专业程度、传媒、非政府机构、对垃圾分类收集的认知、对环境保护的认知等问题。所有这些问题都基于五个等级的评分：非常不满意、不满意、不知道、满意、非常满意。对于这七个问题，分别有 35.7%、45.2%、20.5%、32.9%、45.7%、23.5% 和 15.9% 的受访者表示不知道，这表明农村居民对这些问题的关注程度较低。这可能与受访者的受教育程度较低以及环保教育方面投入不足有关。对于其余的受访者，他们的答案从"（1）非常不满意"到"（4）非常满意"重新调整为四个级别，计算出的平均值见表 6-2。由表 6-2 可看出，农村居民对垃圾分类收集的认识和执法的不满意程度有高有低，两者的平均值均在 2.5 左右。

表 6-2　一般层面的农村居民认知均值

问题	平均值
垃圾分类收集法例/政策	2.94±0.858
法例执行情况	2.56±0.874
专业程度	3.03±0.787
媒体	2.75±0.84
非政府机构	2.67±0.815
对垃圾分类收集的认知	2.44±0.885
对环境保护的认知	2.63±0.767

二、公众对农村生活垃圾分类收集的意识

本节旨在评估公众对农村生活垃圾分类收集的意识水平，通过要求受访者选择他们用来获取农村生活垃圾分类收集知识的来源，以此来评估农村居民对生活垃圾分类收集的意识。基于文献回顾和预试，本次调查共提供了以下 12 个选项：电视、广播、报纸/杂志/书籍、网络、海报、宣传册、朋友/家人、村委会、垃圾桶标识、宣传活动、学校、从未听说。

人们普遍认为，充分的公众意识对于垃圾分类收集计划的成功是必要的。然而，在本次调查的所有受访者中，27.5% 的人从未接受过垃圾分类收集教育。这一比例相当高，表明在垃圾分类意识的普及和教育方面还有很大的提升空间。

进一步分析可以发现，75% 是 50 岁以上的人群，在 51~65 岁和大于 65 岁年龄组中，这一比例分别占 44.3% 和 55.2%。随着年龄的增长，未接受过垃圾分类

教育的人数比例也在增加。这可能是由于老年人对新事物的接受能力相对较弱，以及他们在年轻时可能未接受过相关的教育。更重要的是，分别有 17.3％ 和 17.5％ 的 25～36 岁和 37～50 岁的中青年受访者没有接受过有关垃圾分类收集的教育。上述分析结果清楚地反映了我国农村居民的垃圾分类教育有待提高。垃圾分类教育的不足可能会导致几个问题：①缺乏教育意味着人们可能不了解垃圾分类的重要性，也不知道如何正确地进行分类，这可能会阻碍垃圾分类和回收的有效实施。②由于大多数农村老年人和中青年人都没有接受过充分的垃圾分类教育，这可能会导致垃圾分类的知识和技能在代际间传递不足。③缺乏教育还可能导致人们对垃圾分类的意愿和行为产生负面影响。不了解农村生活垃圾分类收集的受访者在不同年龄段的比例各不相同，分别为：不大于 18 岁的人群占比为 3.3％，19～24 岁的人群占比为 0，25～36 岁的人群占比为 17.3％，37～50 岁的人群占比为 44.3％，大于 65 岁的人群占比为 55.2％。

图 6 - 2 显示了受访者用来获取农村生活垃圾分类收集信息的知识来源分布。可以看出，电视、村委会、垃圾桶标识、学校和宣传活动的重要性排在前五位。

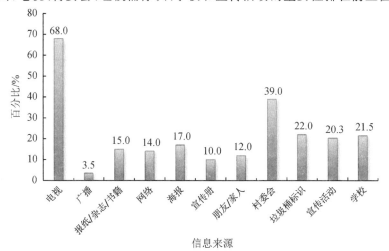

图 6 - 2　受访者在农村生活垃圾分类收集上获取信息时不同信息来源的占比分布

电视作为信息传播的传统媒介，在普及垃圾分类知识方面发挥着重要作用。它通过新闻、教育节目、公益广告等多种方式，向广大农村居民传递垃圾分类的重要性和基本方法。

村委会在居民获取信息来源中占比也很高，这在文献中很少被提及，但却是一个关键的信息来源。村委会在中国农村居民的垃圾分类教育中扮演着至关重要的角色。在实地调查中，笔者发现，许多关于政府政策的资料和信息都是通过村委会传达的。村委会不仅负责向农村居民提供政策解读，还组织相关的教育活动，如讲座、示范和培训等，以提高农村居民的垃圾分类意识和技能。

垃圾桶标识是另一个重要的信息来源。这些标语通常简洁明了，能够直接引导农村居民进行正确的垃圾分类。它们在日常生活中频繁出现，使得垃圾分类的信息更容易被农村居民接受和记住。

学校在垃圾分类教育中也扮演着重要角色。通过在学校开展垃圾分类课程和活动，可以培养学生的环保意识和垃圾分类习惯，并通过他们将这些知识和行为带回家中，从而影响整个家庭成员。

宣传活动，如社区活动、展览和研讨会等，也是向农村居民传播垃圾分类知识的重要渠道。这些活动通常互动性、参与性强，能够吸引农村居民的注意力。

不同年龄段的受访者对知识获取来源有不同的偏好。具体而言，表6-3总结了每个年龄段排名前三的信息来源。电视是所有年龄段获取信息的共同来源。对于学龄受访者而言，学校教育成为其获取垃圾分类知识的主要来源。对于中老年受访者而言，村委会在他们对垃圾分类收集意识中的作用变得更加重要。而这些受访者通常是处理日常生活垃圾的主要家庭成员，这也进一步凸显了村委会的重要性。

表6-3　不同年龄段受访者获取信息来源排名前三的比例

年龄	信息来源						
	电视	报纸/杂志/书籍	垃圾桶标识	宣传活动	网络	村委会	学校
≤18	62.1%	—	39.7%	—	—	—	63.8%
19～24	85%	57.1%	—	—	—	—	42.9%
25～36	79.1%	—	23.3%	—	20.9%	—	—
37～50	64.3%	—	19.0%	—	—	57.1%	—
51～65	56.8%	—	—	21.6%	—	64.9%	—
>65	76.9%	—	—	26.9%	—	65.4%	—

虽然互联网服务在本次所有选定的调查地区都有被广泛提及，但它在环境教育方面的受欢迎程度仅在25～36岁的受访者中被观察到。与城市居民类似，垃圾桶标识也是农村居民主要的信息来源之一。后续分析显示，38.7%的受访者反映他们所在村庄的垃圾桶上的标识是"模糊的""消失的"。这表明，尽管垃圾桶标识是重要的信息来源，但其实际效果受到了一定程度的限制。①垃圾桶标识的模糊和消失可能会对农村居民进行垃圾分类行为造成困扰。如果标识不清晰，农村居民可能无法准确理解垃圾分类的要求，从而导致错误的分类行为。②如果垃圾桶标识缺失，农村居民可能无法获得垃圾分类的指导，从而进一步降低垃圾分类的准确性和效果性。③垃圾桶标识的问题也反映出地方当局在垃圾分类教育和管理方

面存在不足。因此,设计一致、清晰、易于理解的垃圾桶标识是提高垃圾分类效率的关键。

三、公众对农村生活垃圾分类收集的态度

公众参与垃圾分类收集会受到许多内外部因素的影响。由于现有文献中缺乏与农村生活垃圾分类收集相关的研究,因此,在笔者的调查中,考虑了 10 个影响因素,这些因素被广泛认为是影响城市居民垃圾分类活动的主要因素。具体包括:没有时间、缺乏知识、缺乏设施、操作太复杂、社会压力、习惯混合收集、缺乏惩罚/奖励、缺乏存储空间、源头分类后混合运输、缺乏立法/政策执行。每个因素的影响以从"(1)非常不重要"到"(5)非常重要"的五级顺序量表进行评估。

各影响因素的均值计算如表 6-4 所示。具体而言,只有一个因素"缺乏设施"的平均值(以平均值±标准差表示)大于 3(3.10±1.411),这意味着该因素影响着受访者的参与结果。这一观察结果与文献中关于城市生活垃圾分类的研究结果一致,表明城市居民和农村村民对于提供足够的设施才能使垃圾管理取得成功这一看法一致。虽然笔者调查的所有村庄几乎都在家庭和公共层面配备了垃圾桶,但这些设施的数量远远不够,这极大地限制了这些地区的居民参与生活垃圾分类收集的积极性。考虑到当前我国农村居民居住方式的分散性和财政支持的有限性,预计这种情况可能是普遍存在的。由于所评估的因素中没有一个是显著的,因此我们需要进一步分析可能影响农村居民参与垃圾分类的其他因素。

表 6-4 农村生活垃圾分类收集中不同因素对被调查者活动影响程度的平均值

影响因素	平均值
没有时间	2.01±1.251
缺乏知识	2.64±1.299
缺乏设施	3.10±1.411
操作太复杂	2.25±1.292
社会压力	2.48±1.384
习惯混合收集	2.86±1.403
缺乏惩罚/奖励	2.42±1.411
缺乏存储空间	1.86±1.182
源头分类后混合运输	2.70±1.324
缺乏立法/政策执行	2.57±1.501

由于几乎所有受访者都在一定程度上自愿参与垃圾分类活动,因此我们进一步评估他们参与农村生活垃圾分类收集的亲环境态度,即因环境保护而采取的态

度。通过相关性分析和二元逻辑回归,探讨各影响因素和人口统计特征对环保态度的影响

通过研究结果发现,受访者的环保态度与各影响因素呈显著负相关关系(见表6-5),其中,"缺乏知识""操作太复杂""习惯混合收集""缺乏惩罚/奖励""源头分类后混合运输"和"缺乏立法/政策执行"影响显著关系。此外,受访者的环保态度与年龄呈负相关关系,与月收入呈正相关关系。这可能是因为:①老年人的文盲率高,公众意识相对较低;②较高的月收入使受访者在满足基本需求方面负担较小,因而更加关注自己的生活条件和环境。这一观察结果与一些学者的研究结果不一致,这些学者发现在广东省农村地区,家庭收入与家庭垃圾回收率呈负相关关系。这种不一致符合人们普遍接受的观念,即我国的农村生活垃圾管理没有放之四海而皆准的解决方案。

表 6-5　受访者亲环境态度与各影响因素的相关性

影响因素	相关系数
没有时间	−0.062
缺乏知识	−0.188**
缺乏设施	−0.070
操作太复杂	−0.139*
社会压力	−0.047
习惯混合收集	−0.142**
缺乏惩罚/奖励	−0.166
缺乏存储空间	−0.105
源头分类后混合运输	−0.226**
缺乏立法/政策执行	−0.147*
年龄	−0.158**
性别	0.095
受教育程度	0.009
家庭规模	−0.025
月收入	0.188**

二元逻辑回归分析结果(见表6-6)进一步表明,"缺乏立法/政策执行"($\beta = -0.627$, $p = 0.005$)和月收入($\beta = 0.986$, $p = 0.001$)是两个在0.01水平上显著的因素,显著影响被调查者的亲环境态度。事实上,在对垃圾分类收集没有积极亲环境态度的受访者中,77%的人表示如果政府有法规或政策强制执行垃圾分

类,他们会参与垃圾分类活动。因此,引入强制性计划是必要的,以保证至少在农村生活垃圾分类收集计划的启动阶段能有足够的公众参与。这一观察结果与一些学者的研究结果相矛盾,这些学者发现志愿项目在广东省农村地区更受欢迎。这表明,不同地区的农村居民对垃圾分类的态度和接受度可能存在显著差异,这可能与当地的文化、经济、政策环境以及居民的环保意识有关。

表6-6　受访者亲环境态度与各影响因素的二元逻辑回归分析结果

影响因素	回归系数	标准误	优势比
没有时间	−0.024	0.221	0.976
缺乏知识	−0.445*	0.218	0.641
缺乏设施	−0.007	0.179	0.993
操作太复杂	0.041	0.272	1.041
社会压力	0.343	0.223	1.410
习惯混合收集	−0.335	0.207	0.716
缺乏惩罚/奖励	0.011	0.216	1.011
缺乏存储空间	0.500*	0.250	1.649
源头分类后混合运输	−0.393*	0.185	0.675
缺乏立法/政策执行	−0.627**	0.223	0.534
年龄	0.012	0.154	1.012
性别	0.613	0.492	1.846
受教育程度	0.052	0.243	1.053
家庭规模	−0.123	0.138	0.884
收入	0.986**	0.303	2.681
常数	0.679	1.766	1.971

注:①−2Log Likelihood:144.786;②χ^2 = 49.038(在0.01水平上显著);③Cox-Snell R^2:0.296;④Nagelkerke R^2:0.394;⑤Hosmer-Lemeshow χ^2:12.462(p=0.132);⑥总体预测准确率:76.4%;⑦* 表示在0.05水平上显著;** 表示在0.01水平上显著。

四、公众支付农村生活垃圾管理费用的意愿

为了确保评估的准确性,我们排除了年龄类别1(小于19岁)的受访者,因为他们大多数没有独立收入,可能会导致回答偏差。

为评估受访者支付农村生活垃圾管理费的意愿,我们提出了三个问题,每个问题以3分制进行评分:(1)否;(2)不确定;(3)是。具体问题如下:

1.我支持建立新的收费制度,其原则是:垃圾排放量越大,收费越高;混合垃圾多收费,分类垃圾少收费。

2.你是否愿意为建立一个分类处理家庭垃圾的平台支付费用?

3.我愿意为用于垃圾分类收集的特殊垃圾袋支付费用。

在选定的地区,一些村庄已经建立了统一的垃圾收集收费制度(每月 5 元)。69.1%的受访者支持建立新的收费制度,并以"垃圾排放量越大,收费越高;混合垃圾多收费,分类垃圾少收费"为原则。同时,仅有 11.6%的受访者拒绝接受新的收费制度。

大多数受访者(占比 59.7%)支持建立新的垃圾回收站,尽管他们需要为此支付额外的费用。在关于每月支付能力的后续问题中(选项为 1~5 元、6~10 元、11~20 元和大于 20 元),94.2%的受访者每月支付能力低于 10 元,22.3%的受访者拒绝考虑任何付款,73.7%的受访者认为这是政府的责任。但是,如果要求使用特殊垃圾袋进行垃圾分类,40.7%的受访者表示支持,32.9%的受访者表示反对。

图 6-3 展示了受访者关于支持新的收费系统、建立新的垃圾回收站和使用特殊垃圾袋的意愿对比。可以观察到一个明显的趋势,支持(选择"是")的比率下降,而反对(选择"否")的比率上升。其解释如下:①新垃圾收集收费系统的支持率高,可能是因为已经有收费制度,无须额外付费。②建立新的垃圾回收站被认为是政府需要采取的行动,因此收费被认为是强制性的。③如果额外收费涉及个人决定,比如购买特殊的垃圾袋,由于农村居民的收入相对较低,额外的经济压力可能会对他们的生活造成更大的负担。

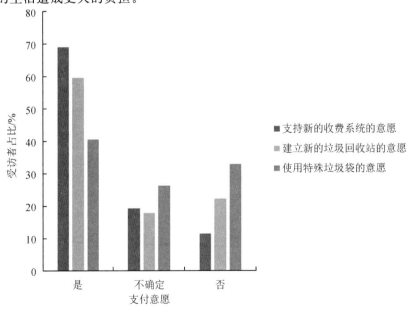

图 6-3 受访者对农村生活垃圾管理收费的支付意愿对比

为了评估受访者对支付农村生活垃圾管理额外费用的态度,我们首先采用主成分分析法从三个因子中提取变量:"支持实施新的收费系统""建立新回收站的额外费用""购买特定垃圾袋进行垃圾分类的额外费用",结果如表 6-7 所示。克龙巴赫 α 系数为 0.543,表明三者之间有足够的一致性。经过因子缩减后,新变量可以解释 52.350% 的方差。需要注意的是,提取的因子越大,受访者越愿意支付额外的费用。

表 6-7　主成分分析法对受访者因农村生活垃圾管理而产生的额外费用支付态度的因子提取

成分	初始特征值			提取载荷平方和		
	总计	差异百分比/%	累积百分比/%	总计	差异百分比/%	累积百分比/%
1	1.571	52.350	52.350	1.571	52.350	52.350
2	0.782	26.071	78.421			
3	0.647	21.579	100			

注:克龙巴赫 α 系数为 0.543。

此外,提取因子与受访者人口统计因素之间的双变量相关性见表 6-8。首先,可以观察到,受访者的支付意愿与月收入之间具有很强的正相关关系。这意味着,随着月收入的增加,受访者对垃圾分类收集计划的支持度也随之提高。这可能是因为收入较高的受访者拥有更强的经济能力,因此更愿意为垃圾分类收集计划支付费用。其次,月收入较高的受访者可能对环境保护和资源节约有更深刻的认识。他们可能认为,投资于垃圾分类收集计划是一种对社会和环境负责的行为,因此更愿意为此支付费用。然而,这种正相关关系也可能反映出一些社会经济差异。比如,收入较低的受访者可能要面临着更多的经济压力,因此可能更难以承担额外的垃圾分类收集费用,这可能导致他们在支付意愿上表现出较低的支持度。

表 6-8　受访者的支付意愿与人口统计因素之间的肯德尔 tau-b 相关系数

人口统计因素	相关系数
年龄	-0.05
性别	-0.027
受教育程度	0.024
家庭规模	0.028
月收入	0.119*

注:* 表示在 0.05 水平上显著;** 表示在 0.01 水平上显著。

在进一步考虑新收费制度的收费方法时,49.5% 的受访者倾向于维持现行的统一收费的方式,27.2% 受访者倾向于按住户人数收费的方式,22.3% 的受访者倾向于按垃圾重量收费的方式。很少有受访者(占比 1%)希望根据居住空间的大小收费,这在后续分析中被排除在外。本研究采用多项逻辑回归模型对收费方式选择与被调查者人口统计学因素的关系进行评估,结果如表 6－9 所示。

表 6－9　被访者收费制度选择偏好的多项逻辑回归模型系数

偏好类别	统计类别	系数值	p 值	优势比
	截距	0.278	0.874	—
	年龄	0.228	0.279	1.256
	性别	−0.544	0.211	0.580
家庭规模	受教育程度	0.002	0.993	1.002
	家庭规模	−0.430**	0.001	0.651
	收入	0.320	0.249	1.377
	截距	−0.184	0.920	—
	年龄	0.188	0.384	1.207
	性别	−0.410	0.360	0.664
垃圾产生量	受教育程度	0.259	0.277	1.296
	家庭规模	−0.396**	0.005	0.673
	收入	0.035	0.905	1.036

注:①−2Log Likelihood:280.929;②χ^2:27.102(0.01 显著水平),p=0.003;③Pearsonχ^2:248.714(p=0.37);④Hosmer-Lemeshowχ^2:251.522(p=0.324);⑤Cox-Snell R^2:0.149;⑥Nagelkerke R^2:0.71;⑦正确预测的百分比:54.8%;⑧* 表示在 0.05 水平上显著;** 表示在 0.01 水平上显著。

该分析通过豪斯曼检验和基于测试的豪斯曼检验,通过使用 STATA MAC (STATA 14)来检验无关替代假设的独立性。选择现有的统一收费方式作为基准。由表 6－9 可见,家庭人数较多的受访者更喜欢现行的统一收费方式,而不是根据家庭规模或产生的垃圾量计费。这种选择偏好是直观的,因为对于规模较大的家庭来说,即使实际垃圾量与家庭规模成正比,统一收费方式也能更好地保护他们不必支付更高的费用。

这种偏好的形成有几个可能的原因:①对于大家庭来说,统一收费方式提供了一种成本可预测性。他们不需要担心随着家庭成员数量的增加或垃圾产生量的上升,垃圾处理费用会随之增加。这种稳定性对于预算规划和家庭经济管理来说是非常有利的。②规模大的家庭往往有更加多样化的垃圾组成,可能包括食物残渣、包装材料、日常用品等。如果按照垃圾量收费,规模大的家庭可能因为垃圾量大而支付更高的费用。而统一收费方式则可以避免这种情况,使得规模大的家庭在垃圾处理费用上得到某种程度的"优惠"。③基于家庭规模或垃圾量的收费模式可能需要更复杂的计量工具和管理机制,这可能会增加行政成本和操作难度。而统一收费方式相对简单明了,易于理解和执行,这对于资源有限的农村地区尤为重要。

然而,这种偏好也引发了一些讨论和思考:①如果所有家庭无论垃圾产生量多少都支付相同的费用,可能会造成资源分配上的不公平,因为那些产生较少垃圾的家庭可能会感到自己承担了不成比例的费用。②按垃圾量收费可能会激励家庭减少垃圾产生量,从而促进资源节约和环境保护。

第五节　鼓励农村居民参与生活垃圾分类收集的策略

中国式现代化是人与自然和谐共生的现代化,打造山清水秀、优美宜居的生活环境是满足人民对美好生活需要的基本要求。农村生活垃圾治理和人居环境整治直接关系着美丽乡村、美丽中国的全面建设,也是推动人与自然和谐共生的重要组成部分。在实现人与自然和谐共生的中国式现代化进程中,垃圾分类问题已成为一项重要的公共政策问题。农村地区作为实施垃圾分类的关键区域,其公众参与度的提升对于整个垃圾分类体系的有效运行至关重要。本研究从加强垃圾分类宣传教育、充分发挥村委会的领导和示范作用、积极运用多种经济激励与制度约束手段、完善农村生活垃圾分类法规政策这四个方面阐述鼓励农村居民参与垃圾分类的策略。

一、加强对农村居民的垃圾分类宣传教育

垃圾分类是实现社会可持续发展和环境保护的重要措施。随着城市化进程的加快,垃圾处理问题日益突出,加强垃圾分类宣传教育、提高农村居民的垃圾分类认知水平显得尤为重要。关于农村生活垃圾分类收集的教育应侧重于学生和老年人,因为他们全年大部分时间都待在家乡,是主要的垃圾产生者和处置者。因此,可以通过他们来带动整个村的垃圾分类工作。

对于学生来说,可采用的垃圾分类收集教育方式有:①采用与其生活习惯紧密相关的教育方式,如在学校课程中融入垃圾分类的相关知识,利用互动式学习平台进行在线教育。②组织学生参与垃圾分类的实践活动,如设立社区清洁日,可以增强其对垃圾分类重要性的认识。③利用社交媒体和网络平台进行宣传和教育,这是一种创新且有效的手段。可以创建专门的社交媒体账号,发布垃圾分类的相关知识、趣味视频和互动话题,吸引年轻人关注。④开发易于操作的垃圾分类应用程序,提供实时反馈和奖励机制,进一步激励年轻人参与。

对于老年人来说,可采用更直观、易懂的教育方式。①通过在社区中心举办垃

圾分类的讲座和现场演示活动,使老年人直观地了解垃圾分类的具体操作方法。②电视节目作为一种覆盖面广、易于接受的教育媒体,在普及垃圾分类知识方面具有巨大的潜力。通过制作专门的垃圾分类教育节目或在现有节目中加入相关内容,可以有效地提高农村居民的环保意识。③垃圾桶标识也是一种简单直观的教育手段,通过在垃圾桶上设置醒目的分类标识和文字,可以引导农村民民在日常生活中正确地进行垃圾分类。

除了开展教育活动之外,还可以通过社区活动和竞赛活动来激发农村居民的参与热情。通过这些活动,可以营造出一种积极向上的社区氛围,鼓励农村居民积极参与到垃圾分类和环保行动中来。①组织垃圾分类比赛是一种很好的激励方式。比赛可以设置不同的奖项,如"最佳分类家庭""环保先锋"等,以表彰那些在垃圾分类方面表现出色的个人或家庭。这样的奖励机制不仅能够提高农村居民的参与度,还能够增强他们的荣誉感和责任感。通过比赛,农村居民可以相互学习、相互竞争,形成一种良性的互动和竞争关系,从而提高整个村垃圾分类的准确性和效率。②村委会和社区组织在推动垃圾分类和环保活动中发挥着至关重要的领导作用。它们可以定期组织各种环保活动,如清洁行动、绿化活动、废旧物品回收等,以增强农村居民的环保意识和社区的凝聚力。这些活动不仅能够美化社区环境,还能够提高农村居民的垃圾分类参与度。通过参与这些活动,农村居民可以亲身体验到环保活动带来的好处,从而更加积极地参与到垃圾分类和环保行动中来。③社区还可以开展形式多样的其他活动,如环保知识讲座和以环保为主题的文艺演出、绘画比赛、摄影比赛等。这些活动可以吸引不同年龄、不同层次的农村居民参与,从而提高垃圾分类和环保活动的覆盖面和影响力。在实施社区活动的过程中,还需要注重活动的持续性和实效性。活动应该定期举行,形成一种长效机制,以确保农村居民的参与热情不会随着时间的推移而减退。同时,活动的效果也需要进行定期的评估和反馈,以便及时调整和优化活动方案,提高活动的实效性。

二、充分发挥村委会的领导和示范作用

村委会在农村生活垃圾分类中的领导和示范作用至关重要。作为基层自治组织,村委会直接面对居民,具有动员和组织居民参与垃圾分类的独特优势。①村委会需要结合多地农村生活垃圾特点、村庄经济类型、村庄人员聚居情况等,广泛征求居民意见,因地制宜,制定符合本村实际情况的垃圾分类规章制度和实施计划,明确分类标准、分类方法和分类目标。②加强宣传教育和培训。村委会通过举办讲座、培训班以及发放宣传材料等方式组织开展垃圾分类的宣传教育活动,提高居民的环保意识和分类技能,普及分类知识。③加强基础设施建设,村委会应加强垃圾分类基础设施建设,如设置足够的垃圾桶、建立回收站、提供垃圾运输和处理服务等,为居民提供便利的垃圾分类条件。④村委会应建立垃圾分类的监督和

激励机制,对积极参与垃圾分类的居民给予表彰和奖励,对不遵守垃圾分类规定的居民进行适当的教育和引导。

三、积极运用多种经济激励与制度约束手段

经济状况对农村居民参与垃圾分类的意识、态度和意愿有着显著的影响。农村居民的经济考量直接影响他们是否愿意投入必要的时间和资源参与垃圾分类。因此,为了提高农村垃圾分类效率,决策者需要采取一系列经济激励措施,以激发居民的积极性。①对于将生活垃圾进行正确分类和回收的居民,向其提供现金奖励,以提高居民的参与度,让他们看到垃圾分类的实际经济收益。②为参与垃圾分类的居民在购买日常生活用品时提供折扣或优惠政策,如在本地商店购物时享受特定折扣政策,或者在购买农资时享受优惠政策。③建立积分制度,居民通过垃圾分类可以获得积分,积分可以用于兑换商品或服务,或者在社区内部的"绿色银行"中积累,用于未来的社区活动或服务。④对于可回收物,根据市场价值给予农村居民相应的回报,让农村居民直接从垃圾分类中获得经济利益。强制性计划可以通过法律或政策的形式来规定农村居民必须进行垃圾分类,从而确保垃圾分类政策的普及率和执行力度。

制定法律或政策并为其执行提供足够的支持是政府的责任。政府需要确保这些法规或政策的制定是基于充分的调研和公众参与的,以获得广泛的社会支持,鼓励公众参与,收集农村居民的意见和建议,以提高政策的接受度和有效性。同时,政府还需要投入必要的资源来执行这些计划,包括提供必要的基础设施、教育培训和监督机制,以确保垃圾分类收集政策的有效实施。在实施强制性计划的同时,政府也应该考虑如何平衡强制性措施和经济激励措施,以实现最佳的垃圾分类效果。通过经济激励和制度约束相结合的方式,可以有效地提高农村居民参与垃圾分类的积极性。经济激励措施可以直接触及农村居民的经济利益,激发他们的内在动力;而强制性措施则确保了生活垃圾分类的基本执行力度。两者的有机结合,能够在保障垃圾分类效果的同时,兼顾农村居民的实际利益,实现农村生活垃圾分类的可持续发展。

四、完善农村生活垃圾分类法规政策和制度

在推进农村生活垃圾治理的过程中,确保农村居民的有序参与至关重要。为此,需要建立一套完善的制度和程序规范,以确保农村居民的参与不仅有序,而且有力、有效。一个清晰的法律体系是保障农村居民参与垃圾分类权利的基础。随着人类文明的不断进步,人们对农村人居环境的重视程度不断提高,对农村生活垃圾治理的需求也随之增加。然而,在缺乏法律制度支持的情况下,农村居民的参与积极性可能会受到限制,他们的权利也难以得到充分保障。为了解决这一问题,立

法机构需要通过立法手段,明确农村居民在生活垃圾治理中的主体地位,保障他们的知情权、表达权、参与权和监督权。这样的立法不仅能够提高农村居民的参与积极性,还能促使各级政府更加重视农村居民在这一过程中的权利。

除了立法保障,还需要制定具体的政策和指导性文件,明确农村居民参与的内容、方式和途径。这些政策和文件应当从制度层面对农村居民的参与行为进行规范,确保农村居民的参与行为能够按照既定的程序进行。这不仅有助于提高居民参与的效率,还能确保参与过程的公正性和透明度。此外,法律还应当明确农村居民参与的责任和义务,并对不履行责任和义务的居民设定相应的处罚措施。这有助于提高农村居民的责任感,确保他们能够积极履行参与农村生活垃圾治理的责任。

同时,加强对垃圾分类效果的监督和评估,确保政策的实施效果,及时调整和优化政策措施。针对农村地区的特殊情况,政策制定应具有针对性和可操作性。各地应根据自己的情况,结合自己的经验,考虑农村地区的地理条件和经济条件,根据当地实际情况制定适合的分类标准,采取灵活的垃圾分类措施,找出本地区居民可以接受的方式进行宣传推广,用更有效的方式进行监督管理。

农村生活垃圾治理是一项复杂而持续的任务,它需要政府、村委会和农村居民之间形成紧密的合作关系。监督反馈机制在这个过程中扮演着至关重要的角色,它为各方提供了一个交流和互动的平台,使得利益相关者能够表达自己的利益诉求,并通过监督和反馈来实现利益的平衡。健全的监督反馈机制不仅包含了政府和上级机构为确保各项政策和措施得到有效执行而对村委会和居民在垃圾治理方面的工作进行的自上而下的监督,而且包含居民为促使政府和村委会不断改进工作方法、提高服务质量,对政府和村委会的工作进行的自下而上的监督,还有居民之间、村委会与居民之间、居民与保洁员之间的相互监督,形成一个互相监督和支持的网络,共同推动垃圾治理工作的有效进行。监督反馈机制的健全不仅能够激励农村居民积极参与垃圾治理,同时也能够对农村居民的行为进行约束,确保他们在垃圾治理中遵守规则、履行责任。此外,监督反馈机制还能促使政府和村委会提升服务水平,认真履行垃圾治理职责,从而实现资源的高效利用和工作的高效推进。

第六节　章节总结

随着经济的快速发展和城镇化进程的加快,我国农村正经历着前所未有的变化。这些变化带来了许多积极的影响,如提高了农村居民的生活水平,促进了农业现代化,但同时也带来了一些挑战,其中之一便是农村生活垃圾的管理问题。根据相关学者的研究,农村人均垃圾产量不断增加,垃圾组成日益复杂,同时垃圾处理设施严重短缺。这些问题不仅影响了农村的生态环境,也对农村居民的生活质量产生了负面影响。当前,农村生活垃圾管理的重要性和紧迫性已经不亚于城市生活垃圾管理。随着农村经济的发展和农村居民生活水平的提高,生活垃圾的产生量也在迅速增加。与此同时,农村垃圾的组成也变得更加复杂,包括了更多的包装材料、厨余垃圾、电子废弃物等。这些垃圾的处理和处置需要更加科学和系统的方法。

然而,农村生活垃圾管理面临着许多挑战。①农村普遍缺乏垃圾处理设施,如垃圾填埋场、焚烧厂等。这导致了大量的垃圾无法得到有效的处理和处置,只能随意堆放或倾倒,对环境造成了严重的污染。②农村居民的环保意识和垃圾分类知识相对缺乏。许多农村居民对垃圾分类和回收的重要性认识不足,缺乏正确的垃圾分类和回收意识。尽管从源头上实施垃圾分类和回收已被广泛认可,但促进农村居民参与垃圾分类工作仍然面临诸多挑战。这些挑战主要来自社会和经济因素。从社会因素来看,农村居民的文化传统和生活习惯对垃圾分类和回收的接受度较低。许多居民习惯于传统的垃圾处理方式,如焚烧、掩埋等,对垃圾分类和回收持怀疑态度。从经济因素来看,农村经济条件普遍较差,缺乏足够的资金和资源来支持垃圾分类和回收工作。这些因素进一步阻碍了我国农村生活垃圾的成功实施。

本研究进一步揭示了农村居民对垃圾分类的认知度较低,这直接影响了他们的环保态度和行为。由于这种意识是影响居民环保态度的重要因素,因此对农村居民进行教育应成为决策者关注的重要问题。这种教育不仅应包括有关垃圾分类收集本身的知识,如不同类型垃圾的识别、分类方法和回收途径,还应包括垃圾分类对环境和社会福利的长远影响。通过教育,可以增强居民对垃圾分类重要性的认识,激发他们参与环保的积极性。农村居民较低的受教育程度极大地限制了一些传统教育方法的效果。特别是那些内容复杂的报纸和宣传册,对于农村居民来说可能难以理解和吸收。因此,对农村居民进行的知识传播应尽可能采用图片形式,以适应农村居民的认知习惯和接受能力。

本研究的发现与一些学者的研究结果相呼应,揭示了农村居民在环境问题关注上的特定倾向。农村居民更关心与他们日常生活密切相关(大部分是可见的)的环境问题,而对更普遍的环境问题关注较少。这种关注倾向对农村居民垃圾管理教育的策略提出了具体的要求。因此,一方面,对于农村居民的垃圾管理教育而言,突出成功的垃圾管理对改善其生活条件的好处是短期内促进其参与垃圾分类收集的最有效手段。从短期来看,教育和宣传活动应该着重强调成功的垃圾管理如何直接改善农村居民的生活条件。例如,通过展示垃圾分类如何减少村庄的垃圾堆积、改善环境卫生、减少疾病传播风险等具体好处,可以激发农村居民的参与意愿。这种教育手段可以迅速提高农村居民的垃圾分类意识,促进他们在实际生活中采取垃圾分类行动。从长远来看,加强环保教育、提高农村居民的环保意识,是实现农村生活垃圾可持续管理的必要条件。这意味着教育内容不仅要涵盖垃圾分类的具体操作,还应该包括环境保护的基本原则、环境问题的全球性和长远影响等。通过环保教育,可以帮助农村居民建立起对环境问题的全面认识,培养他们的环保责任感和主动性。此外,环保教育还应该与农村居民的日常生活紧密结合,使之成为他们生活的一部分。例如,可以通过社区活动、学校教育、宗教活动等途径,将环保理念融入农村居民的日常生活中。同时,教育方式应该多样化,既要有正式的教育课程,也要有非正式的教育活动,如环保主题的社区聚会、环保竞赛、环保志愿者活动等。为了提高环保教育的效果,还需要考虑农村居民的文化背景、受教育程度和生活习惯等因素。教育内容和方式应该因地制宜,符合农村居民的实际情况和需求。例如,可以利用当地的语言和文化元素,采用生动形象的教育方式,使环保教育更加贴近农村居民的生活、更容易被他们接受。

在基层,村委会在农村生活垃圾管理中扮演着至关重要的角色。它们不仅是向农村居民普及垃圾管理知识的关键组织,也是实际负责生活垃圾收集、分类、运输和处理的基础性行政主体。①村委会作为向农村居民提供环保知识的基层组织,可以通过组织教育活动、发放宣传材料以及开展社区讲座等方式,提高农村居民对垃圾分类、回收利用和环保意识的认知。这种教育和意识提升是实现有效垃圾管理的第一步,有助于农村居民形成良好的垃圾处理习惯。②村委会在生活垃圾的收集和处理方面承担着基础性工作。它们负责建立和维护垃圾收集点,组织定期的垃圾收集服务,并确保垃圾能够被正确地分类并运输到指定的处理场所。③村委会还可能需要监督和执行垃圾管理规定。然而,为了使村委会能够更有效地履行这些职能,政府的支持至关重要,政府应在政策、资金和技术等方面给予更多的支持。政策上的支持可以体现在制定有利于农村垃圾管理的法规和标准,提供清晰的指导和框架。资金上的支持则可以确保村委会有足够的资金来购买必要的设备、支付人员工资以及开展教育活动。技术上的支持则涉及提供先进的垃圾处理技术、培训和知识,帮助村委会提高垃圾管理的效率。总之,要确保农村生活垃圾得到有效的管理和处理,为建设美丽乡村和实现乡村振兴战略目标做出积极贡献。

在笔者的分析中,农村居民的经济状况是影响他们参与生活垃圾分类收集态度的重要因素。经济状况不仅影响了农村居民参与垃圾分类的意识,而且也决定了他们是否愿意投入时间和资源来参与这一过程。因此,决策者应该考虑在农村生活垃圾分类和回收政策中引入一些经济激励措施。如提供现金奖励或折扣给那些积极参与垃圾分类和回收的农村居民,这些激励措施能够提高农村居民参与垃圾分类的积极性,因为它直接关系到他们的经济利益,他们可能会更加认识到垃圾分类的长期经济效益和环境效益,从而更愿意参与到这一行动中来。此外,研究还指出,由于居民更愿意遵守政府制定的法规或政策,这意味着在当前阶段,强制性的农村生活垃圾分类收集计划目前可能比自愿的垃圾分类收集更有效,强制性措施可以通过法律或政策的形式来规定居民必须进行垃圾分类,从而确保垃圾分类的普及率和执行力度。然而,制定法律或政策并为其执行提供足够的支持是政府的责任。政府需要确保这些法规或政策的制定是基于充分的调研和公众参与的基础上的,以获得广泛的社会支持。同时,政府还需要投入必要的资源来执行这些措施,包括提供必要的基础设施、教育和监督机制,以确保垃圾分类收集的有效实施。在实施强制性措施的同时,政府也应该考虑如何平衡强制性措施和经济激励措施,以实现最佳的垃圾分类效果。

城乡居民在生活方式、消费方式、居住环境等方面的显著差异,导致城乡居民对垃圾处理的态度存在较大差异。这些差异不仅体现在垃圾的产生量和种类上,还体现在居民对垃圾处理的认知、行为习惯以及参与度上。一个例子是他们对参与垃圾分类收集的潜在障碍的看法,城市居民最普遍接受的影响因素,农村居民并不认为是问题。首先,城市居民通常生活在人口密集的环境中,垃圾处理设施相对完善,且经常接触到垃圾分类和回收的宣传和教育活动。因此,他们对垃圾分类收集的潜在障碍,如分类知识的缺乏、分类设施的不足等,有更深刻的认识并会以更积极的态度去解决这些问题。城市居民可能更习惯于使用分类垃圾桶来参与回收活动,对垃圾处理的政策和法规有更深入的了解。相比之下,农村居民的居住环境往往更为分散,垃圾处理设施可能不够完善,且垃圾分类和回收的意识和知识普及程度较低。农村居民可能面临不同的障碍,如缺乏垃圾分类的意识、缺乏便利的垃圾收集和回收服务以及对垃圾分类重要性的忽视等。这些因素可能导致农村居民参与垃圾分类收集的意愿较低。因此,需要有具体的政策来处理农村垃圾管理的独特性。

未来,我们将采用更先进的分析工具和理论模型,深化农村生活垃圾管理领域的研究。例如,心理学中的计划行为理论,可以用来评估农村生活垃圾分类中居民实际行为的显著影响因素。此外,考虑到中国高度不平衡的经济发展和社会文化规范的广泛多样性,笔者将把工作扩展到其他地理区域。通过比较不同地区之间的观察结果,找出相似点和不同点,并找出其背后的合理性,从而得出一些概括性的结论,为中国其他省份的城市和其他工业化国家的农村生活垃圾管理提供借鉴和参考。

第七章

城市生活垃圾分类回收效果评价——以西安市为例

第一节 问题与意义

随着全球城市化的快速推进,生活垃圾成为城市的重要副产品之一,全球城市的生活垃圾产生量在过去的十年内翻了一番,已经成为困扰全球城市发展的重要难题。据预测,到 2050 年,约 43 亿城市居民每人每天将产生 1.42 千克的生活垃圾,全球城市的生活垃圾产生量将增加到 34 亿吨。中国作为全球生活垃圾产生量最大的国家,面临着巨大的生活垃圾管理压力。根据中华人民共和国住房和城乡建设部公布的数据,全国 200 多个大、中城市的生活垃圾产生量已从 2010 年的 1.58 亿吨上升至 2020 年的 2.65 亿吨,每年增加 6% 左右(见图 7-1)。

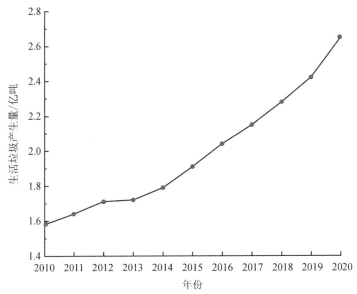

图 7-1 2010—2020 年中国大、中城市生活垃圾产生量

另外,在全国 600 多座城市中,超过三分之二的城市被垃圾包围,四分之一的城市显示,已经没有合适的场所堆放垃圾。一半的特大城市存在垃圾跨省外排的

情况,这增加了周边城市"垃圾围城"的风险。随着生活垃圾产生量的不断增加,其带来的环境污染和健康风险也随之加大,进一步成为制约经济社会可持续发展的重要因素之一。

西安市作为我国特大城市,是中华人民共和国住房和城乡建设部确定的全国46 个垃圾分类试点城市之一,其垃圾问题亦十分严峻。陕西省住房和城乡建设厅和西安市城市管理局统计显示,西安市生活垃圾日平均产生量从 2016 年的近9000 吨快速增长到 2019 年的近 1.5 万吨,垃圾年产生量位于全国前十。截至2019 年,西安市 7 座主要垃圾填埋场皆面临着库容告急的问题,承担西安市主城区垃圾填埋任务以及国内单体库容最大的江村沟垃圾填埋场已于 2019 年底填满封场。面对不断增加的垃圾产量带来的威胁以及人民对于经济发展和环境保护的双重需求,西安市垃圾治理问题已经刻不容缓。

生活垃圾不断增加给城市发展造成了巨大困扰,世界各国都在积极寻找有效的方式解决这一难题。在发达国家,垃圾分类已被证明是实现垃圾减量化和资源循环的有效手段。鉴于生活垃圾管理的严峻形势和垃圾快速增长对环境和生态系统的破坏,中国早在 21 世纪初就开始致力于控制垃圾产量,提高生活垃圾分类的可持续性,并密集出台了一系列垃圾分类的政策。2000 年 6 月,建设部发布了《关于公布城市生活垃圾分类收集试点城市的通知》,北京、上海、杭州等 8 个城市被确定为垃圾分类试点城市,正式拉开了中国垃圾分类试点工作的序幕。随后,国家层面的政策不断出台,生活垃圾分类评级标准、生活垃圾管理办法等相继颁布。

2016 年,为缓解日益增长的垃圾量对环境造成的影响,陕西省政府出台并实施了《陕西省固体废物污染环境防治条例》。《西安市生活垃圾分类体系规划建设纲要(2016—2025 年)》也于同年出台,西安市制定了系统的生活垃圾分类体系规划。2017 年,西安市成为国家推行垃圾分类政策的 46 个试点城市之一。随后,西安市出台一系列政策(见表 7-1),促进了西安市垃圾分类工作的开展。

表 7-1　2016 年至今西安市颁布的垃圾分类相关政策

年份	文件名称
2016	西安市生活垃圾分类体系规划建设纲要(2016—2025)
	陕西省发展和改革委员会、陕西省住房和城乡建设厅关于印发《陕西省生活垃圾分类制度实施方案》的通知
2017	西安市城市生活垃圾分类三年行动方案
	西安市城市市容和环境卫生管理条例(2017 年修正)
2018	西安市人民政府办公厅关于印发《西安市 2018 年城市生活垃圾分类工作实施方案》的通知

年份	文件名称
2019	陕西省固体废物污染环境防治条例(2019 年修正)
	西安市城市管理委员会关于印发《西安市 2019 年生活垃圾分类工作实施方案》的通知
	西安市生活垃圾分类管理办法
2020	陕西省城市生活垃圾分类规划(2019－2025 年)
	陕西省实施《中华人民共和国环境保护法》办法(2020 修正)
	陕西省实施《中华人民共和国环境影响评价法》办法(2020 年修正)
	西安市生活垃圾分类管理条例
2022	西安市人民政府办公厅关于印发进一步加强生活垃圾分类工作实施方案的通知

综合来看，垃圾分类已成为中国各城市解决"垃圾围城"问题的必由之路，是影响中国环境质量和城市可持续发展的主要问题之一。确保垃圾分类的有效性和垃圾分类规划目标的实现，推进垃圾分类工作的持续开展，将是下一步垃圾分类任务的实施重点。

城市生活垃圾产量的巨大增长需要合适的管理系统，生活垃圾管理不善将不利于城市生态效率的提高。因此，许多国家更加重视城市生活垃圾管理。如何识别垃圾分类各环节中存在的问题、客观地衡量垃圾分类管理效率、寻找有效的垃圾分类政策实施路径以及提高城市生活垃圾的全过程管理水平，一直是值得政府部门重点关注的问题。正因如此，垃圾分类的有效性成为衡量城市治理水平、反映城市生态文明程度的重要指标之一。中国作为世界上最大的发展中国家和垃圾产生量大国，面临人均 GDP 增速慢和城市生活垃圾产生量增速快的双重困境。实施有效的垃圾分类制度，形成可复制、可推广的垃圾治理经验，对于城市发展和环境保护具有重要意义。因此，现阶段，总结并评价垃圾分类效果，提取影响垃圾分类成效的关键因素，是推动垃圾分类工作进展的关键步骤，也是建设"美丽中国"的重要任务。

早在 2000 年垃圾分类试点之初，建设部城市建设司在召开的垃圾分类试点工作座谈会上，就明确提出要"制定垃圾分类收集的统计和评价指标"。然而，早期的垃圾分类试点工作相继以失败告终。由于没有形成完整的评价体系，各城市生活垃圾分类项目在中国是否奏效一直尚未可知，更没有形成科学有效的垃圾分类推广建议。2021 年 2 月，中华人民共和国国务院发布了《国务院关于加快建立健全绿色低碳循环发展经济体系的指导意见》，明确提出了"要因地制宜推进生活垃圾分类和减量化、资源化"的要求,并提出要开展宣传、培训和成效评估。然而,当前我国既没有形成可供参考的垃圾分类评价体系,对垃圾分类效果评价模型的研究也较少。随着全国垃圾分类工作的开展,有必要结合各城市生活垃圾分类现状,建立起一套科学规范的评价指标和评价方法,以更好地反映城市生活垃圾的治理效果。

不同城市由于城市化水平、人口结构、垃圾分类政策推行时间等的不同,其垃圾分类面临的问题也存在差异。因此,对垃圾分类效果的评价,因城市而异。本章选定西安市作为研究对象,原因如下:①西安市面临亟待解决的垃圾问题,具备研究紧迫性;②西安市已全面实施垃圾分类,从其2016年规划建设纲要中提到的十年发展期来看,其垃圾分类推进工作已经过半,具备良好的研究条件;③西安市作为新一线城市,其发展阶段、人口结构、垃圾分类推行时间等与全国多数大城市相似,其研究结论和建议具有更高的参考价值。

鉴于此,作为绿色发展要求的重要一环,垃圾分类的长效推进必然成为各城市发展不可回避的问题。当前,垃圾分类工作进入关键转型期,对垃圾分类效果进行评价研究,不仅是对垃圾分类工作的阶段性总结,更能基于此发现其存在的问题、识别关键因素、总结发展规律、分析问题成因,从而为垃圾分类工作的进一步开展指明方向。因此,本研究从多个维度对西安市垃圾分类效果进行评价,所得评价结论将用于构建多元主体协同互动机制,从而为西安市垃圾分类政策的实施提供有效对策,指导西安市垃圾分类工作的有序开展。同时,本研究的理论模型和实证研究结果对全国多数垃圾分类城市具有借鉴意义,可为中国各城市推动垃圾分类长效开展提供有价值的参考样本。

第二节 城市生活垃圾分类效果评价的理论基础与模型构建

一、理论基础

(一)可持续发展理论

自工业革命以来,人类社会的人口激增与生产活动的不断扩展,不仅消耗了大量的自然资源,也向环境排放了大量的废弃物和污染物。快速的环境变化加之人为因素的影响,不仅增加了保护地球生态系统的难度,还为人类的生存安全带来了严峻的挑战,如粮食短缺、能源危机和环境污染等问题日益严峻。这些问题迫使人类重新审视自身在生态系统中的地位,并寻找新的长期生存和发展路径。在这种背景下,可持续发展的概念应运而生,并成为指导世界社会经济转型的基本战略。1992年,世界众多国家纷纷签署了《21世纪议程》和《气候变化框架公约》,指出可持续发展的理念应该引导国家的发展,使其与环境的发展相适应。

可持续发展思想是一种综合性的、用于指导经济、社会和环境发展的科学理论。它把经济发展、保护环境和社会进步三者有机结合，形成一种新的发展学说。可持续发展强调了在满足经济和社会需求时保持在绝对环境限制内的重要性，三者相互联系、优势互补，力图实现动态平衡。同时，可持续发展理念中包含着五项基本原则，即公平性原则、可持续性原则、协调性原则、共同性原则和公众参与原则，这五项原则构筑了可持续发展理论体系。

在垃圾分类研究领域，实现可持续垃圾分类一直是世界各国和国内外相关领域学者所追求的最终目标。具体而言，可持续垃圾分类主要包括：①垃圾分类系统能够与城市运转系统实现完美兼容，将经济发展、社会治理和环境保护有机统一，这体现了可持续发展理论的经济、生态、社会协调发展思想；②公众能够持续参与垃圾分类工作并将其内化为一种生活习惯，实现垃圾分类的长效推进，这体现了可持续发展理论的可持续性原则和公众参与原则。

因此，本章通过借鉴可持续发展理论的思想，将可持续的概念融入垃圾分类效果评价的研究中去。①本章遵循可持续发展理论中经济、生态、社会协调统一的思想，充分提取城市系统中的各个要素下的内容作为衡量城市层面垃圾分类效果的指标，强调城市各要素的协调发展是可持续垃圾分类的前提。②本章在微观层面垃圾分类效果评价中，强调公众参与是衡量垃圾分类效果的根本标准，并引入动机理论的相关概念，对垃圾分类行为的可持续性进行预测。③本章在提出垃圾分类推进策略时，将可持续思想作为策略制定的前提，强调以更有效的手段实现垃圾分类的长效推进。

(二)协同治理理论

协同治理起源于公共行政，它是一种由一个或多个政府机构和非政府机构的利益相关者直接参与，以共识为导向，以制订、实施公共政策或管理公共项目、财产为目的的集体决策过程。它强调政府、非政府组织、企业、公民等各子系统在公共事务处理中相互协调、共同配合，从而形成一个有序、高效、可持续的运作体系，并最大限度地维护和增进公共利益，实现治理效益的最大化。协同治理包括治理主体多元性、治理权威多样性、社会秩序稳定性等方面。

治理主体多元化是协同治理的逻辑前提。随着经济社会的快速发展，越来越多复杂的、无法由单一主体完成的大型任务促使统治者开始思考如何提高问题的处理效率。例如，面对恐怖主义等全球性问题、基础设施建设等本土化问题时，通常需要跨部门合作才能实现最佳效果。为此，"多中心治理"理念应运而生，并在此基础上逐步发展成了治理主体多元化。这种治理形式对政府很有吸引力，通过这种治理形式政府可以更有效地开展工作，采用更加市场化的方法，在政府和多元组织之间建立更紧密的网络，以获取潜在的政治利益，实现治理效益的最大化。从协同治理的角度而言，协同治理的主体包括政府、企业、其他社会组织和公民等。但协同治理存在事件前提,即多元主体协同是为了解决公共问题,私人问题的处理不能纳入协同治理范畴。此外,由于多元主体之间存在不同的价值判断和利益需求,且所拥有的社会资源也不尽相同。因此,竞争与合作是多元主体间的主要关系,各主体间通过博弈寻求效益最大化的顶点是协同治理的最优结果目标。综合来看,公共性是协同治理的基本价值取向。多元主体参与公共活动,其目标是将社会体系中各种层面上的混乱变为有序。

治理权威的多样化和政府的主导性是协同治理的基本特点。任何需要合作完成的项目,都需要权威主体。协同治理不同于以往传统的权力结构,政府不再是治理过程中的唯一权威主体,各种社会主体在一定公共事务处理中都可以具有其权威性。因此,协同治理意味着治理权威的多样化。它的合理之处在于:当不同的主体发生冲突时,不同的权力主体可以通过信息交流、道德规范和法规来实现相互和解,使得政府的活动最大限度地得到民众的拥护。需要强调的是,协同治理同样关注正式性,这种正式性通过各主体间议定的规则和制度确定下来,以便在执行过程中规范运作,并明确各成员之间的关系和责任。尽管政府不再作为唯一权威来源和责任主体,但它仍在公共事务治理过程中起主导性作用。具体而言,政府的主导性作用体现在主导决策、承担责任、赋予非政府机构一定程度的公共权力等方面。

社会秩序的稳定性是协同治理的目标。除了多元主体共同参与以外,协同治理还强调各种社会要素的关联,包括政府、市场、组织、信息等的流动与配合,以实现有限资源的最大化开发与利用,同时,通过各要素的有机整合,最大限度地消除治理过程中的各种障碍和壁垒,获取最大化的公共利益。因此,实现社会系统内部多元主体和多种要素的有序配合,是最终达成协同治理目标的重要前提。就协同治理而言,其核心是把整个社会看成是一个由众多子系统(多重主体)组成的综合体系,通过合作、协调、竞争、冲突和博弈等多种方式,可以使各合作主体之间产生更好的协调作用。此外,借助电子工具、因特网和软件技术的发展,协同治理才能在社会生活中得到有效的落实。

本章引入协同治理理论,其对于研究的贡献如下:①在宏观层面垃圾分类效果评价体系的构建当中,将垃圾分类看作一个巨大的社会系统,其内部各要素的协调是垃圾分类有效推进的重要保障。基于协同治理理论,本章强调城市层面各要素下代表的多元主体的相互合作,从而实现垃圾分类效益的最大化。②在垃圾分类推进策略的研究当中,本章将协同治理理论作为推进策略模型构建的基础理论,运用协同治理理论的思想,将政府、市场和社区三个主体纳入统一的协作体系当中,通过多主体共同配合,实现垃圾分类的有效推进。

(三)嵌入性社会结构理论

匈牙利学者波兰尼最早提出了嵌入性主张。波兰尼在其《大转变:我们时代的政治与经济起源》一书中提到,人类的经济行为已经深深地植根于所有的经济体系和非经济体系，而在分析其有效性时，必须引进一些非经济体系，例如信仰和国家。波兰尼指出，在早期的市场经济国家中，经济行为主要是以互惠和再分配的方式进行的，经济活动是嵌入在社会结构当中的。而在工业化社会，由于市场经济是由市场决定的，而非由社会组织所决定的，因此，经济活动长期处于脱嵌状态。

格兰诺维特是嵌入性理论的先驱，他运用了关系嵌入和结构嵌入的解析方法来进行嵌入性的相关研究。关系嵌入是基于互惠关系的一种嵌入性关系，它可以从关系的内容、延续性、方向以及关系的强弱程度等方面来衡量关系的嵌入性，在这种关系的强弱程度上，可以把关系的嵌入性分为强关系和弱关系。结构嵌入是指在一个更大的网络架构中，通过交互双方在网络中的位置、网络规模和网络的密集程度来衡量其关系。在结构嵌入理论中，网络的位置既能反映系统内部的关联，又能反映具体的信息，特别是位于网状空间中的结构洞位置的行为体，它拥有明显的资讯和控制上的优越性，进而对行动者的行为表现起到很大的作用。

根据嵌入性社会结构理论，可以从一个全新的视角对城市居民的垃圾分类行为进行分析，从而为推动城市生活垃圾分类工作提供新的思路。根据该理论，城市居民的自我意识，如对垃圾分类的价值认知，会对其参与决策产生一定的影响，从而影响其参与垃圾分类的意愿和自主性。城市居民的垃圾分类行为也与社会环境、社会规范、对周边居民和政府的信任度、社会组织内部的关系网络等因素有关。已有研究表明，垃圾分类不是单纯的个体行为，它是基于个人行为的一种社会行为，不仅受行为者自身主观因素的制约，还受其所处的社区环境、社会资本等外在因素的制约。具体而言，垃圾分类是嵌入到社会网络中的个体在群体规范和个体意愿等多重作用下发生的社会性行为。

本章基于嵌入性社会结构理论的思想，将社区特征作为构建协同推进机制的考虑因素之一，基于社区作为与城市居民生活垃圾分类参与联系最为紧密的嵌入因素，社区设施的完善与便利程度、社区垃圾分类监管水平、社区垃圾分类氛围等，均可能会影响城市居民垃圾分类行为的参与度。因此，本研究将社区按经济发展水平进行分类，以确定社区特征嵌入对垃圾分类的作用。社会资本也是垃圾分类过程中考虑的主要嵌入因素之一，社会资本主要由信任因素、社会网络因素和社会规范组成，这些因素可以为个人的协作行为提供一定的环境。信任分为两类，即人际信任和制度信任。人际信任强调个人在社会交往中对交往对象可靠程度的判断；制度信任则依赖于法律和政治等制度背景、完善的垃圾分类管理法律法规、精准有效的政策落实手段，这都是个人产生制度信任的前提。基于此，本章运用社会资本因素，将关键群体识别作为垃圾分类的重要策略，通过关键群体，建立人与人之间的有效沟通关系，从而实现有效的垃圾分类。

二、垃圾分类效果评价分析框架

基于上述理论，本部分构建了垃圾分类效果评价的分析框架（见图 7-2）。

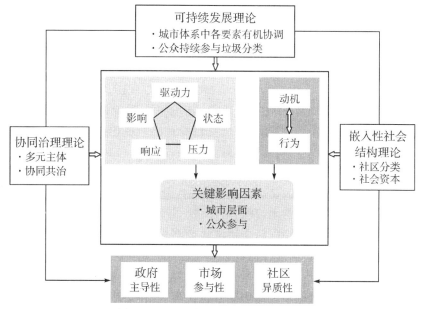

图 7-2　垃圾分类效果评价分析框架

三、城市生活垃圾分类效果评价模型的构建

（一）城市生活垃圾分类宏观效果评价模型的构建

基于可持续发展理论中的协调统一思想,本章从宏观角度出发,即从城市层面对垃圾分类效果进行评价,侧重于从城市系统内部各要素出发,构建一个综合的评价体系。基于此,本章引入驱动力-压力-状态-影响-响应(driving pressure state impact response,DPSIR)模型作为城市垃圾分类效果评价的模型,以此为基础构建城市生活垃圾分类效果评价指标体系。

1. 同类型模型的比较

与 DPSIR 模型同源的模型主要有压力-状态-响应(pressure state response,PSR)模型和驱动力-状态-响应(driving state response,DSR)模型,下面将分别对这三种模型进行介绍。

1）PSR 模型

20 世纪 50 年代以来,受经济快速发展带来的环境污染在全球范围内蔓延的影响,越来越多的国内外学者开始关注人类系统与环境系统之间的共存关系,并试图寻求两者之间的平衡与协调发展路径。1970 年,经济合作与发展组织(organization for economic cooperation and development,OECD)为了分析人类发展面临的新的环境问题,提出了需要建立一种能够反映环境发展趋势的指标体系,PSR 框架模型应运而生。

1991 年，OECD 对 PSR 模型进行了详细的阐释，即 PSR 模型可以解释为一个基于人类行为对生态系统造成的压力而导致的资源总量和状态变化的一个基本框架模型。要降低这种状态带来的损害，就要根据状态的变化，在适当的时候采取合适的应对策略。人类活动所产生的响应措施可以在一定程度上减轻生态环境压力。OECD 基于这一思想，建立了"OECD 环境行为评价的核心指标体系"。同时，可持续发展的指标体系也是在 PSR 模型的基础上提出的，并从根本上回答了当前面临的生态问题以及相应的解决思路。

为了明晰 PSR 模型的应用思路，PSR 给出三个指标：压力指标、状态指标和响应指标。其中，压力指标指的是诸如勘探、开采、资源无限制利用等人类活动对自然资源、生态系统等带来的负担；状态指标指的是在压力作用下，自然资源、生态系统和人类健康所表现出的状况；响应指标指的是指人类社会中各部门为了阻止或预防环境状况改变所带来的危害而采用的一系列活动。

PSR 模型中的三项指标之间并不是相互独立的，它们存在着某种内在的联系：人的生存与发展需要不断向环境攫取资源、排放污染物，从而对环境产生了巨大的"压力"。这些压力对自然环境和资源"状态"产生了巨大的冲击，使得生态环境原本的状态发生改变，而这种"状态"的变化则反过来对人类自身产生了负面的影响，威胁人类的生存与持续发展。为了"响应"自然环境"状态"的变化，可以通过各种政策或手段限制人类的行动，约束人类的行为，降低人类对自然资源的过度损耗，从而改善人类与自然之间的关系，实现人类与自然的和谐发展。

该概念模型着眼于人类与环境之间的交互作用，从多种角度来度量人类对环境的影响，可真实地反映现实状况，可操作性强。正是由于其强操作性和强解释力，诸如世界银行在内的许多机构在进行其环境绩效评价时都采用了这一模型。近年来，PSR 模型被广泛应用于生态安全评价、资源可持续利用评价、风险评估等领域。除此之外，PSR 模型也被应用于垃圾管理的相关领域。

尽管 PSR 模型有诸多优点，但在实际使用过程中也存在一定的局限性。①它忽视了自然环境系统的复杂性，不适合对复杂的环境领域问题进行深层次的描述与评价。②受其评价维度的限制，无法对环境指标进行细化分类，可能会造成评价结果的不准确。因此，自它成型以来，不断有学者对其研究并修正，力图使其具备更高的可操作性。

2）DSR 模型

1996 年，联合国可持续发展委员会（United Nations Commission on Sustainable Development，UNCSD）为了评估可持续能源的未来发展状况，在 PSR 模型的基础上提出了 DSR 模型。DSR 模型与 PSR 模型的不同之处是，DSR 模式采用"驱动力"代替了"压力"作为其中一个度量指标。UNCSD 的研究人员发现，相比于压力指标,驱动力指标能够更好地体现人类主观活动对生态环境的影响,更强调人类这一主体的主观能动性。它比压力指标的覆盖范围更加广泛,能够将其从对环境自身的描述延伸到社会、经济和非体制层面的表征。在该模型的解释当中,驱动力指的是人类生产技术、经济增长、社会文化和人口结构的变迁所造成的社会环境的改变,状态指标反映了资源和环境条件的状况,响应指标则反映了政策的决策和其他人类反应的改变。

因此,DSR 框架模型的基本内涵可以描述为:人类的经济、社会活动产生的"驱动力"给环境带来了巨大的压力,使得原有的自然资源和生态环境的"状态"发生改变。为了降低或预防这种改变给人类社会造成的危害,人们通过调整资源、环境、经济等政策手段"响应"环境,进而达到可持续发展的目的。其中,"驱动力"是生态环境变化的主要影响因素,"状态"是生态环境在压力之下所呈现出来的现状,"响应"泛指人类为了维持生态环境的可持续发展、确保人类社会的环境安全而采取的对策措施。

DSR 模型也是环境评价领域广泛使用的模型。自其问世以来,在城市土地利用评价、低碳经济发展评价、生态旅游评价等方面展现了特有的体系构建和评价优势,受到学界的好评。DSR 模型将人类活动完全纳入可持续发展指标体系内,是对 PSR 模型的有效补充,但其很难描述社会经济指标的因果关系,因此,DSR 模型依然难以满足对系统综合评价的要求。

3)DPSIR 模型

1992 年,联合国环境与发展大会召开,各与会国就和平与发展问题进行了深刻的探讨。面对工业化快速发展进程下的高污染问题,各个国家均表示,须采取有力措施减轻环境污染、实现经济发展与环境保护的有机统一。在此之后,可持续发展成为国际社会共同关注的问题。学术界也意识到,仅依赖于单一的环境污染评价体系已经无法满足为可持续发展目标提供决策信息的需求,建立一套对环境和社会问题进行综合评价的方法势在必行。因此,欧洲环境规划局在 1999 推出了DPSIR 模型。

DPSIR 模型是在 PSR 模型和 DSR 模型基础上提出来的,并逐渐发展成为解决环境和人类社会关系问题的有效方法。该模型由驱动力、压力、状态、影响、响应五个系统构成。欧洲经济区(European Economic Area ,EEA)定义了 DPSIR 模型的每个系统,具体如下:①驱动力是指与人类生产生活相关的社会、经济发展、人口变化、生产生活方式和消费水平等方面的变动;②压力系统泛指人类向环境中输出各种物质的行为,如各种气体的排放、对土地的使用等;③状态系统描述在压力条件下某个区域内诸如气温、生物群落、空气质量、土地资源、能源等的现状;④影响系统是指由于状况的改变对区域环境产生的影响,比如生态系统的稳定、人类的健康、资源的供应、人造资本的流失和物种的多样性;⑤响应系统是指政府以及社会中的群体(或个体)为了防止、补偿、改善或适应生态环境的改变而做出的反应，突出表现为采取积极的亲环境措施以抑制对环境的破坏。

因此，DPSIR 模型的主要内涵是：人类的经济、社会活动的"驱动力"在带动经济发展的同时，给生态环境和自然资源造成了"压力"，在压力状态下，生态环境原有的"状态"发生改变，而这种改变往往是负向的，其负向的变化给生态系统内外部造成了"影响"，为了缓解这种影响，人类社会通过各种政策措施等调整资源、环境与经济社会之间的关系，以缓解负向影响，改善生态系统状态，减轻生态环境压力，从而促进人与生态环境的和谐和可持续发展。

DPSIR 模型的各个系统之间并不是单向的链条式关系，它的各个组成部分之间是有紧密的因果联系的，最终构成了一个循环反馈回路。具体而言，从驱动力开始，人类的社会经济活动产生的驱动力作用于整个系统，对系统造成压力，从而导致系统的状态发生变化。这种变化反过来会影响系统自身和系统内存续的各个主体，从而促进社会系统中的主体做出响应，进而反馈到驱动力、压力、状态和影响中去。DPSIR 模型的五个系统之间既彼此独立，又相互联系，从而形成了一个反馈循环。基于此，可以对可持续发展进行全方位、深层次的评价，并将其用于特定的系统评价。

近年来，DPSIR 模型被广泛应用于生态环境领域及可持续发展领域，在环境评估、管理、决策等众多方面发挥着重要作用。在垃圾分类评价领域，DPSIR 模型也备受关注。DPSIR 模型可以展示文化、政治和经济行为如何在人为系统中发生变化。

相较于 PSR 和 DSR 模型，DPSIR 模型在衡量环境和可持续发展方面具有明显优势(见表 7-2)，因此，本章引用 DPSIR 模型作为城市层面垃圾分类效果评价的骨架建构，对建立全面的垃圾分类评价指标体系具有重要作用。

表 7-2　PSR、DSR 和 DPSIR 模型比较

模型类别	特性				
	是否具备系统性	是否具备可操作性	是否反映人类活动影响	是否反映社会经济内部因果关系	是否能进行指标的细化
PSR 模型	是	是	否	否	否
DSR 模型	是	是	是	否	否
DPSIR 模型	是	是	是	是	是

2. 结构模型的构建

城市生活垃圾分类是一个动态连续的过程，实现垃圾分类工作的可持续性一直是垃圾治理领域的政策目标。本章在 DPSIR 模型的基础上，引入可持续性概念,强调垃圾分类程序和城市发展的有机统一,并将可持续性作为垃圾分类效果评价的总体目标,综合考虑经济、环境、社会、科技、政策等城市系统要素,选取多要素下的指标纳入评价体系当中,构建可持续性垃圾分类效果评价指标体系。

根据对 DPSIR 框架的分析和对垃圾分类工作的可持续性内涵的理解,对 DPSIR 模型下各系统的解释如下:驱动力系统是经济社会中各种能动性要素的有机组合,包括城市化、人口增长、经济发展、社会进步和科技进步等;压力系统主要反映因为发展所造成的城市系统压力,包括城市化进程和人类各种经济社会活动所造成的资源消耗,造成了生态环境系统的超负荷运转;状态系统是指在各种条件下,由各种驱动因子和各种压力因子相互作用而形成的资源环境状况,表征在垃圾方面,即表现为生活垃圾的产生和由此带来的有害气体的排放等;影响系统包括经济、社会活动受到来自压力和状态系统的负向制约和来自响应系统的正向影响;响应系统是指为了进行城市生活垃圾治理和实现可持续垃圾分类而采取的一系列对策措施,包括人力投入、物力投入、财力投入等方面。因此,按照基于可持续垃圾分类的总目标,在 DPSIR 五大系统下进行层次划分结构,给出了基于 DPSIR 框架的城市层面可持续垃圾分类效果评价模型(见图 7－3)。

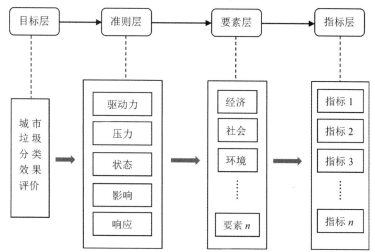

图 7－3　基于 DPSIR 框架的城市垃圾分类效果评价模型

(二)公众参与垃圾分类效果评价模型的构建

公众是否能有效参与垃圾分类,通常是从两个维度进行衡量的:①公众是否具有参与垃圾分类的动机;②公众是否实施了垃圾分类行为。动机是行为的预测因子,一般而言,特定主体是否具有行为动机,是预测其能否产生某种行为并持续某种行为的重要参考。因此,本研究将从动机和行为两个维度构建公众参与垃圾分类效果评价模型。下面我们将从动机理论阐释、自我决定理论介绍和结构模型构建这三个方面分别进行论述。

1. 动机理论阐释

动机是一种用于解释行为的理论结构,它代表了人们产生欲望、表达需要和做出行动的原因。自 1930 年以来,研究人员试图从多元视角讨论先天性格和动机过程,包括三个最具代表性的关于生物学、行为和认知的视角。

从生物学的角度来看,动机是本能或驱动力,相关的动机理论包括本能理论、驱动力理论和唤醒理论,这些理论主要反映了人的早期生理驱动力。驱动力、唤醒和习惯是一切行为的必要条件,其中驱动力是行为的基础,唤醒促进行为发生,习惯保证行为的连续性。这种动机观点强调了人类行为的生理需求,但过于机械和简单,因为它否定了人类的意识和人类行为的目的。

在行为主义看来,动机是对某种行为的外部强化(如回报或奖励作为刺激),与之相关的动机理论就是强化理论。这种观点过于强调行为的外因,而忽视了人的主动性和努力的本质。

动机的认知视角,充分关注人类认知信念对行为的协调和控制作用,成为主流心理学最具影响力的研究方法。它强调了目标设定、计划和决策形成动机的认知过程。在期望价值理论中,期望(成功实现行为结果的期望)和价值(对执行任务的收益或损失的评估)被认为是人们追求行为的动机。存在的可能性越多,行为的感知价值越大,动机的强度就越大。自我效能理论提出,价值观不仅包括人们对行为的感知价值,还包括对完成某种行为的能力的内部控制信念。期望值理论虽然侧重于对行为的评价,但如果没有目标设定的作用,它就无法确定人的认知过程,因为人的行为是朝着目标不断努力的过程。自我决定理论强调在充分了解内部需求和外部环境信息的基础上人类行为的自由选择,外部动机可以在内部动机的推动下内化。

简而言之,动机可以理解为一种内在力量,这种力量能够维持和促进个人活动朝着一个目标前进。动机是由特定的需要引起的,并基于认知的全过程达到一种特殊的心理状态。动机应该包括某种行为的起源、强度、方向和持久性。因此,本章在对行为动机进行分析时,要考虑动机的起源、强度、方向和持久性属性,并将其作为指标选取的依据之一。

2. 自我决定理论

本章在对动机理论深入了解的基础上,结合公众参与垃圾分类的研究属性,选用自我决定理论作为本章动机维度的基础理论模型。自我决定理论是动机理论中最为经典的理论。它在人的动机生成、行为表现和行为可持续性上具有较强的解释力。自我决定理论强调内部动机和外部动机。内部动机表征个人追求与潜在自我意志一致的活动,被认为是引发个人认为有趣、令人愉快或符合其内在价值或目标的行为。相比之下,外部动机既包括外部调节——个人的行为是奖励或惩罚的外部偶然性的函数,也包括内向调节——对行为的调节已部分内化并受到诸如认可动机、避免羞耻、偶然的自尊和自我参与的影响。

自我决定理论解释了外部动机如何变得自决以产生内部动机。这种转换过程被称为内化,指的是"接受行为规则及其背后的价值"。它强调基于不同的方式,使人们接受行为调节并接受它作为自己的条件,将其与自己的价值观和目标相匹配,使行为成为一种源于自己意识的产物,并在这个过程中感受到愉悦和自我认可。

自我决定理论还假设,不同类型的动机可以预测一个人的表现、人际关系和幸福感。因此,自我决定理论认为,个人的动机类型是行为的重要决定因素。值得注意的是,与外部动机相比,内部动机产生了更大的心理健康问题,在启发式活动中表现得更有效,并确保特定行为的长期持续性。因此,本章在对公众参与垃圾分类效果评价的研究中,除了基于自我决定理论进行效果评价之外,还结合理论中外部动机转化、行为可持续性等思想,试图通过对行为动机的深入分析提出可持续垃圾分类的行动策略。

3. 结构模型构建

基于上述分析,本章将自我决定理论作为模型构建的基础理论,在此基础上,充分考虑动机的起源、强度、方向和持久性属性,进行评价要素的选取,以构建动机-行为双维度下的公众参与垃圾分类效果评价指标体系。

根据自我决定理论的思想,人的行为动机可以分为内部动机和外部动机。内部动机强调行为根源于个人价值观、规范或认知,这符合动机的起源和强度属性,即人们从事某种行为,该行为出于他们对价值观的自我期望,且具有能够克服不利条件的力量。个人有意愿参与或实施某种行为也是内部动机的表现形式,这符合动机的方向属性。外部动机强调行为的外部导向性,即人们从事某种行为受到外部某些因素的影响。垃圾分类往往被定义为社会规范性行为,即需要更多道德层面支持而衍生出的具体行为表现。从社会规范预期上讲,个人为了被群体接纳,倾向于服从群体规范而做出社会普遍支持的行为,即选择参与垃圾分类,这种动机属于外部动机,是居民在社会互动中学习获得的对垃圾分类行为的需要。主观规范强调人可以迎合社会认可而从事某种行为的程度,反映了动机的强度属性。另外,目标实现难度也会制约动机的强度和持久性,即若个体行动者认为目标实现难度过大,则行为动机就会降低。因此,有必要将预期目标实现难度引入动机-行为分析框架。扎伊拉尼等人研究发现,感知行为控制可以很好地解释垃圾分类行为的强度和持久性,可作为预期目标实现难度这一维度下的分析要素。另外,本章对垃圾分类行为的测度主要通过李克特量表进行直接测量,不涉及多种指标分类维度。

综上,本章构建了动机-行为双维度的公众参与垃圾分类评价模型(见图7-4),其中,动机总维度主要包括内部动机、外部动机和预期目标实现难度三个分维度。内部动机通过个人规范、后果意识和行为意图测量。外部动机基于主观规范测量，预期目标实现难度则用感知行为控制测量。

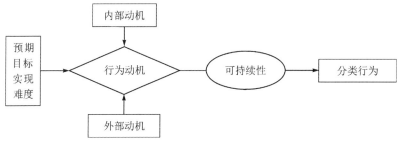

图 7-4　基于动机-行为框架的公众参与垃圾分类效果评价模型

四、数据来源

本部分的数据来源主要分为两部分：一是城市效果评价的数据来源，二是公众参与垃圾分类的数据来源。

(一)城市层面效果评价的数据来源

城市层面垃圾分类效果评价指标体系的构建主要是基于 DPSIR 模型，该模型下五个系统分别是驱动力系统、压力系统、状态系统、影响系统、响应系统，五个系统下分别包含经济、社会、生态、科技等不同要素下的多项指标，这些指标通常跟社会经济发展、环境管理和垃圾处理系统维护等相联系，多数属于决策层指标。

因此，结合指标属性，本部分城市层面的数据主要来源为《西安统计年鉴》《西安市国民经济社会发展统计公报》《西安年鉴》，统计时间为 2016—2020 年。

(二)公众参与垃圾分类的数据来源

本部分公众参与垃圾分类的数据来源为社会调查，开展社会调查时间为 2020 年 8 月，共获取 1102 份有效问卷，数据获取过程如下。

1. 研究对象选取

本章的研究对象为西安市城市居民，根据《西安市城市生活垃圾分类三年行动方案》(市政办发〔2017〕50 号)，碑林区、新城区、莲湖区、雁塔区、未央区、灞桥区这六区是最早开展垃圾分类工作的一批城区，同时这六区作为西安市的中心城区，居民符合本研究对"城市社区居民"的界定。因此，选择该六区作为调研的子目标总体。

2. 抽样方法

本研究采用分层抽样与随机抽样相结合的方法，具体如下。

(1)分层抽样。以西安市中心城区的六个区级单位作为子目标总体，根据西安市中心城区实时租房信息,编写爬虫程序抓取西安市中心城区租房信息 18000 条。以租房价位作为参照标尺,对各区级单位内的小区进行分层。

(2)随机抽样。在各样本社区中随机抽取居民作为本研究的具体研究对象。

3. 样本小区选取

根据研究对象和抽样方法,我们最终抽取了 18 个样本小区。

4. 开展预调研和调研工作

为确保问卷的信度与效度,在正式调查之前,我们对问卷进行了测试和修改。采取了两种测试方法:①主观评价法,即在问卷初稿设计好后,邀请实际调研人员和调研人员周围人群,分别对问卷的本身结构、问题、答案等各个方面进行评价,收集评价意见以进行分析和修改。②客观检查法,即经过主观评价法对问卷进行修改后,在西安市碑林区某小区进行抽样试点。整个试点过程严格按照正式调查的要求和方式进行,同时在调查过程中询问受访者填答问卷时的感受与建议。测试之后,根据出现的问题对问卷进行了再次修改,经过反复四次修改,最终定稿。

2020 年 8 月,我们在西安市中心城区进行了调研活动。通过发放问卷,对小区居民、物业人员以及其他相关人员的访谈,对现存的居民关于垃圾分类问题存在的难点和痛点进行了深入了解。

第三节　城市生活垃圾分类宏观效果评价

城市生活垃圾分类宏观效果评价即为城市垃圾分类效果评价,主要包括:①指标体系的构建。经过指标选取和过滤,最终形成了由五大维度、19 个指标构成的垃圾分类效果评价体系。②指标权重计算。本部分使用熵值法和 CRITIC 法相结合确定指标权重,使指标模型更加客观、科学和可信。③实证分析。引用 TOPSIS 模型对垃圾分类的整体效果进行评价,使用障碍度模型对影响垃圾分类效果的关键障碍因素进行识别。

一、指标体系构建

(一)指标筛选

城市生活垃圾分类效果评价是一个多层次、多维度的复杂系统工程,涉及人口、经济、环境、政策等多个领域,选取合适的评价指标才能保证垃圾分类效果评价的合理性。因此,本部分综合考虑指标的严谨性、全面性和可操作性等,分步骤对指标进行选取和过滤(见图 7 - 5)。

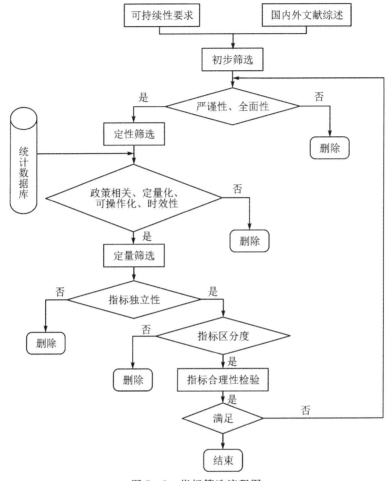

图 7-5　指标筛选流程图

1. 数据库指标选取

由于我国尚未建立起可供参考的垃圾分类效果评价指标体系,因此,本部分主要基于 Web of Science 和 CNKI(中国知网)两大数据库进行文献检索,参考垃圾分类效果评价代表性文献,从中提取可用指标。Web of Science 目前索引了垃圾分类领域最相关的期刊,是分析跨学科文献最强大、最新、最全面和广泛使用的搜索引擎之一。因此,选取 Web of Science 作为英文文献的搜索引擎。CNKI 作为中文文献的搜索引擎,它包括中国学术期刊、硕博士论文等超过 4000 多万篇专业学术文献,具有多种搜索范围,能够有效优化搜索条件,提高文献获取准确度。本研究在获取指标时遵循以下原则。

(1)严谨性原则。从目前资料来看,政府等官方机构尚未制定具体的垃圾分类效果评价指标,也没有出台相应的绩效管理规定。因此,为保障评价指标的严谨性,本章所选指标,全部来自国内外核心期刊文章,确保其经过了科学论证,能够客观反映出西安市垃圾分类的成效。

(2)全面性原则。考虑到垃圾分类的最终目标是实现垃圾分类工作的可持续性,它涉及城市经济、环境、社会等多个要素的协同发展。因此,本章所选指标要能较为全面地反映城市生活垃圾分类成效影响因素的各个方面,涵盖多个要素,从总体上能描述西安市垃圾分类效果的好坏。

基于以上原则,本研究从 Web of Science 和 CNKI 两大数据库中进行文献检索。检索过程如下:①在 Web of Science 中使用主题字段执行搜索条件,搜索词出现在标题、摘要或关键词中,对出版日期不设限制,用布尔运算符定义英文搜索词为“municipal solid waste”“household waste”“separat＊”“DPSIR”“evaluat＊”“assess＊”“indicator”“effect”“performance”。经过严格的过滤筛选,共获取评价指标设计可参考文献23篇。②为保障文献质量,研究从 CNKI 获取文献时对文献来源类别做了限定,可获取文献全部来源于中文核心期刊以及 CSSCI、CSCD、SCI、EI 来源期刊,基于主题搜索定义关键词如下:“城市＋生活垃圾/垃圾＋分类/管理/产出量＋效率/效益/绩效/评价/评估/效果。”经过分析筛选,共获取指标设计可参考文献8篇。同时,为保障指标体系的完整性,本章参考“DPSIR＋绿色城市、低碳城市、城市可持续发展等领域”的评价指标体系,选取其中可用指标扩充到本章的设计指标库中。

2. 定性筛选

根据从数据库中获取的指标,结合以下原则对指标进行进一步筛选。

(1)政策相关性原则。脱离具体的政策规划的评价指标体系是没有应用价值的。本章依托《西安市城市生活垃圾体系建设规划纲要(2016—2025)》和《西安市生活垃圾分类管理办法》等政策文件,充分解读政策思想,确保选取的指标能够反映政策内涵,明确垃圾分类的发展路径与政策规划的一致性,进而提高评价指标的应用价值。

(2)定量化原则。一般来说,定性的度量方法不能用于计量模型的计算,有些指数虽然可以进行量化处理,但对评估的精确度会造成较大的影响。因此,为保证测算结果的准确性和客观性,本章根据《西安统计年鉴》《西安市国民经济和社会发展统计公报》《西安年鉴》的可获取数据,删除无法测量的非定量指标。

(3)可操作性原则。在进行指标筛选时,必须考虑指标的可获取性。虽然某些指标对于评价对象而言具有重要意义,但若无法获取,仍需要将其删除,除非能够通过科学的方法进行转换或预测。因此,本章在选取指标时,将数据的可获得性、连续性、准确性和评价方法的可操作性都纳入考虑范畴,并根据数据来源删除无法获得的数据,以确保评价结果的准确性。

（4）时效性原则。城市生活垃圾分类是一个连续的过程，其动态属性要求指标能够反映现阶段的发展现状和分类成效。通过梳理西安市各历史阶段的垃圾分类发展状态，我们发现：自 2016 年起，西安市开始有计划地推进生活垃圾分类工作。考虑到统计数据的可获取情况，本章将评价时间区间选定为 2016—2020 年，评估这一时间段内的垃圾分类成效，并找出关键驱动因素，为下一步的垃圾分类工作提供城市层面的数据支持。

基于以上筛选原则，初步建立了垃圾分类效果评价指标库（见表 7-3），以便对指标进行进一步筛选和确定。

表 7-3　垃圾分类效果评价指标库

准则层	要素层	指标层
驱动力	经济	人均 GDP、第三产业增加值占 GDP 比重、社会消费品零售总额、GDP 总量、城镇居民人均可支配收入
	社会	城镇人口总量、城市化水平
	科技	专利授权数量
压力	经济	城镇常住居民人均消费性支出（除居住、交通、教育外）
	社会	人口密度、城市建成区面积
状态	环境	生活垃圾产生量、垃圾填埋场温室气体排放、生活二氧化硫排放量、生活氮氧化物排放量
	社会	城市人均居住面积
影响	经济	接待旅游者人数
	环境	城市空气质量达标率、建成区绿化覆盖率
	社会	城市管理平台投诉/咨询量
响应	环境	城市生活垃圾清运量、城市生活垃圾无害化处理率、道路清扫保洁面积、生活垃圾填埋量
	经济	废弃资源综合利用企业数
	政策	政府城乡社区财务支出、政府当年颁布/实施的"垃圾分类"政策数量、市容环卫专用车辆设备总数
	社会	城市水利、环境和公共设施管理从业人员数

3. 定量筛选

按照指标筛选要求，现有 6 种常用的指标筛选方法，具体如下：①主观分析方法：根据专家经验进行指标筛选。②比较矩阵方法：通过指标权重进行指标筛选。

③同类体系比较方法:通过比较同类设计体系中出现的指标,选取高频指标。④相关分析方法:根据同一评价对象的不同指标之间的关联性,选取独立性强的指标。⑤区分度分析方法:通过判定指标之间的差异程度,选取区分度更大的指标。⑥回归分析方法:利用回归方程删除不符合设定值的指标。

本章在充分考虑城市生活垃圾分类效果指标评价体系特殊性的基础上,综合现有指标筛选方法的优点,基于文献分析与整理,形成原始指标库用于对指标进行筛选。本章一共进行了两轮指标定量筛选,具体步骤如下。

第一步:指标相关性测度。指标相关性是指各指标之间的关联程度。在同一个准则层内,各指标的关联度越高,其反映的信息水平越低;反之,指标反映信息水平越高。因此,本章首先关注同一准则层内各项指标之间的相关系数,计算并剔除了关联系数高的指标,以排除其所体现的信息重复效应。具体操作过程如下。

①指标数据标准化处理。由于所选择的指标在单位、量纲、数量级和正负极等方面存在较大差异,因此,在进行区分度测算之前,有必要对指标数据进行标准化处理,使其具备可比性。考虑到本评价体系的指标特性,本章采用归一化方法对正向和逆向指标的原始数据 x_{ij} 进行标准化处理,具体计算公式如下:

$$V_{ij} = \begin{cases} V_{ij}^+ = \dfrac{x_{ij} - \min(x_{i1}, x_{i2}, \cdots, x_{in})}{\max(x_{i1}, x_{i2}, \cdots, x_{in}) - \min(x_{i1}, x_{i2}, \cdots, x_{in})} \\ V_{ij}^- = \dfrac{\max(x_{i1}, x_{i2}, \cdots, x_{in}) - x_{ij}}{\max(x_{i1}, x_{i2}, \cdots, x_{in}) - \min(x_{i1}, x_{i2}, \cdots, x_{in})} \end{cases} \quad (7-1)$$

②指标相关系数计算。设 c_{ij} 表示第 i 个指标和第 j 个指标之间的相关系数; x_{kj} 为第 k 个评价对象第 j 个指标标准化后的值($k=1,2,\cdots,m$); $\overline{x}_j$ 为第 j 个指标的平均值,根据相关系数计算公式,则

$$c_{ij} = \frac{\sum\limits_{k=1}^{m}(x_{ki} - \overline{x}_i)(x_{kj} - \overline{x}_j)}{\sqrt{\sum\limits_{k=1}^{m}(x_{ki} - \overline{x}_i)^2 \sum\limits_{k=1}^{m}(x_{kj} - \overline{x}_j)^2}} \quad (7-2)$$

③重复性指标删除。各指标之间的线性关系由指标之间的相关系数反映,系数的绝对值越高,则各指标间的关联度越高。本章选择的相关性阈值 M 为 0.9,其统计学上的意义为:当显著性水平 α 为 0.05 时,相关系数的绝对值超过 0.9,表明二者之间存在着明显的线性相关性,并存在着严重的重叠现象,因此可以删除其中的某一项。基于此,本章对五个准则层内的评价指标分别进行了相关性测度,删除了重复性指标。

第二步:指标区分度测算。在采用具体的指标评估目标时,特别是需要对评价对象进行排序时,评价结果的好坏主要取决于评价指标是否能够把评价对象区分开。因此,测算指标的区分度对于达到更优的评价结果至关重要。本章引入熵的

思想,利用熵权对不同指标的区分作用进行测算。具体操作过程如下。

①构建待评价矩阵。具体计算公式如下：

$$C' = \begin{bmatrix} x'_{11} & x'_{12} & \cdots & x'_{1n} \\ x'_{21} & x'_{22} & \cdots & x'_{2n} \\ \vdots & \vdots & & \vdots \\ x'_{m1} & x'_{m2} & \cdots & x'_{mn} \end{bmatrix} \qquad (7-3)$$

对 C' 进行标准化处理,同式(7-1)。

②指标 i 熵值计算。具体计算公式如下：

$$H_i = -k\sum_{j=1}^{n} f_{ij}\ln f_{ij} \qquad i=1,2\cdots,m \qquad (7-4)$$

③计算该指标熵权值。具体计算公式如下：

$$w_i = \frac{1-H_i}{m-\sum\limits_{i=1}^{m}H_i} \qquad (7-5)$$

④计算指标区分度。具体计算公式如下：

$$\eta_i = \frac{1-H_i}{\left(m-\sum\limits_{i=1}^{m}H_i\right)H_i} \qquad (7-6)$$

⑤低区分度指标删除。对 η_i 按照从大到小的顺序排序,选取 η_i 排在前面的 $l(l<m)$ 个指标,对区分度低的指标进行删除。

第三步:指标合理性检验。对评价指标体系进行合理性检验的标准是:选取的指标能够反映90%以上的原始信息,即可以认为所选的指标体系和使用的指标筛选方法是合理的。本章采用信息贡献率来检验指标筛选的合理性,具体计算公式如下：

$$IN = \frac{1}{s}\sum_{i=1}^{s}\sigma_i^2 \Big/ \frac{1}{h}\sum_{i=1}^{n}\sigma_i^2 \qquad (7-7)$$

式中, σ_i^2 为指标 x_i 的方差, s 为筛选后的指标个数, h 为原始指标个数。公式(7-7)含义为:筛选后的 s 个指标能够反映初选的 h 个指标信息的比率。

基于上述方法,本章将 IN 作为衡量城市垃圾分类效果评价指标体系合理性的依据。在该指数大于0.9的情况下,可以判定使用上述方法筛选后的评价指标体系是合理的。否则,要重新对评价指标进行筛选,直到符合标准为止。

(二)垃圾分类效果评价指标体系

通过上述指标筛选过程,本章最终确定了19项指标作为城市生活垃圾分类评价指标,并在此基础上构建了基于 DPSIR 模型的城市生活垃圾分类效果评价指标体系(见表7-4)。

表 7 - 4 城市生活垃圾分类效果评价指标体系

目标层	准则层	要素层	指标层	指标属性
城市层面垃圾分类效果评价指标体系	驱动力(D)	经济	D1 人均 GDP	正
			D2 第三产业增加值占 GDP 的比重	负
		社会	D3 城市化水平	正
		科技	D4 专利授权数量	正
	压力(P)	经济	P1 城镇常住居民人均消费性支出(除居住、交通、教育外)	负
		社会	P2 人口密度	负
			P3 城市建成区面积	负
	状态(S)	环境	S1 生活垃圾产生量	负
			S2 生活二氧化硫排放量	负
		社会	S3 城市人均居住面积	正
	影响(I)	经济	I1 接待旅游者人数	正
		环境	I2 城市空气质量达标率	正
			I3 建成区绿化覆盖率	正
	响应(R)	环境	R1 城市生活垃圾清运量	正
			R2 城市生活垃圾无害化处理量	正
			R3 道路清扫保洁面积	正
		政策	R4 市容环卫专用车辆设备总数	正
		社会	R5 城市水利、环境和公共设施管理从业人员数	正
		经济	R6 废弃资源综合利用企业数	正

1. 驱动力指标

在城市系统中,生活垃圾的产生受多种因素的影响,垃圾分类行为涉及各个主体。人类的经济社会活动,如经济发展、城市扩张等,是造成垃圾产量发生变化的主要原因,而生态方面的影响相对较小。通过对驱动力系统中的各个指标进行筛选,最终保留了四个具有代表性的指标:人均 GDP、第三产业增加值占 GDP 的比重、城市化水平和专利授权数量。

（1）人均GDP。人均GDP是指在一国（或地区）核算期内（一般为一年），该核算单元产生的国内生产总值与该国（或地区）的常驻居民（或户籍人口）之比。它可以较为全面、客观地反映一个国家（或地区）的经济发展程度和水平。

（2）第三产业增加值占GDP的比重。第三产业即各类服务或商品，在GDP贡献率的计算中，第三产业增加值占比越高，说明消费性购买对GDP的贡献越大。

（3）城市化水平。城市化水平（又称城市化率）是衡量城市化进程的一个重要指标，通常使用城镇人口占总人口的比重进行衡量。

（4）专利授权数量。在研究中，通常用专利授权数量代替一个国家（或地区）的科技投入力度。通常来讲，科技投入力度越大，对城市发展的驱动力越强。

2. 压力指标

城市经济发展、城市扩张、科技进步等作为驱动力会对城市体系产生影响，在驱动力的作用下，城市系统要承受多个层面的压力。本章通过对生活垃圾分类压力来源的筛选，最终获取了城镇常住居民人均消费性支出、人口密度、城市建成区面积三项指标表征城市生活垃圾分类的压力。

（1）城镇常住居民人均消费性支出（除居住、交通、教育外）。城镇居民的人均消费是指城市居民每人的平均生活开支，包括采购实物支出和各类服务支出。本章涉及的消费性支出主要包括产生生活垃圾的各项实物支出。

（2）人口密度。人口密度通常是指每平方千米或每公顷土地面积上的人口数量。人口密度的高低能够有效说明一个国家或地区的人口分布情况。一个城市的人口密度越高，其可能造成的环境压力越大。

（3）城市建成区面积。城市建成区面积是指在市区范围内已经开发建设、市政设施和公用设施基本齐全的地区。在中心城区，主要由一些集中的地区和一些零散的已经成片建设的地区组成，这些地区已基本具备市政设施和公共设施。

3. 状态指标

在城市系统承受了多维度的压力后，会呈现出与原来不同的状态，此新状态主要表现在环境方面。通过筛选生活垃圾产生量等三个评价指标来描述此状态。

（1）生活垃圾产生量。生活垃圾产生量是指在日常生活和为人们提供生活所需的各种固体废弃物，以及法律、行政法规规定的生活废弃物的总量。

（2）城市人均居住面积。城市人均居住面积是指人均住房面积，以居民为单位计算的每人拥有的住房面积。其计算公式为

$$居民住房面积 = 居民住房面积 \div 居民人数$$

（3）生活二氧化硫排放量。采用居民用煤消耗及其他含硫物质为依据，其计算公式为

$$生活二氧化硫排放量 = 生活煤炭消费量 \times 含硫量 \times 0.8 \times 2$$

4. 影响指标

对于影响系统的解释,为城市中与垃圾分类相关的某些要素产生了影响,这种影响一方面受压力、状态等负面因素作用,表征为负面影响;另一方面也可能受响应的反馈,表征为正面影响。本章通过指标筛选,保留了接待旅游者人数等三个评价指标来表现这种影响。

(1)接待旅游者人数。接待旅游者人数是指在报告期内来本地观光、度假、探亲访友等的总人数。

(2)城市空气质量达标率。根据国家气象部门的相关规定,达到优良的空气环境质量,就能满足国家二级环境质量的要求。当空气污染指数在 50 以下时,空气质量为优;当空气污染物指数在 50～100 时,空气质量为良。城市大气环境质量达标率是指一年内,城市空气质量等级为二级的天数所占比例。

(3)建成区绿化覆盖率。建成区绿化覆盖率是指建成区内绿化覆盖面积与总建成面积之比。绿地面积是指在城镇内所有植物的垂直投射区域,包括乔木、灌木和草坪等。

5. 响应指标

当城市的垃圾数量超过城市负荷、对城市生态环境和经济社会发展产生不利影响时,为缓解城市垃圾问题,城市系统内的组织或个人会采取一定的措施,诸如垃圾分类等,以缓解城市生活垃圾问题。这些措施会被施加到城市系统中,提高城市生活垃圾管理效率,促进经济、社会和环境的有机统一和可持续发展。基于此,本章最终筛选出城市生活垃圾清运量等六个评价指标来呈现响应过程。

(1)城市生活垃圾清运量。城市生活垃圾清运量是指在报告期内,从各个垃圾收集点运送到最终的垃圾处理厂的生活垃圾的总量。

(2)城市生活垃圾无害化处理量。城市生活垃圾无害化处理量是指报告期内通过不二次污染环境的方式处理的垃圾数量。

(3)道路清扫保洁面积。道路清扫保洁面积是指人工清洁维护的车行道、人行道以及隔离带面积之和。

(4)市容环卫专用车辆设备总数。市容环卫专用车辆设备总数是指市政环卫部门通过财政支出购买的专门进行垃圾清洁、运输的设备。

(5)城市水利、环境和公共设施管理从业人员数。城市水利、环境和公共设施管理从业人员数主要用来衡量投入到城市生活垃圾管理中的人力资源数量。由于专门从事生活垃圾处理的人员没有具体的统计信息,所以现有研究通常以城市水利、环境和公共设施管理从业人员数代替。

(6)废弃资源综合利用企业数。废弃资源综合利用企业数是指专门从事废弃资源回收及处理的生产企业的数量。

二、指标权重计算

(一)权重计算方法介绍

在综合评价中，属性权值的计算是一个必不可少的环节。在对特定对象进行评价时，必须设定评价指标的权值，以量化各个评价因子的相对重要性，从而更好地体现各个因素的影响。在属性权值的计算中，有两种主要的方法：主观赋权法和客观赋权法。主观赋权法是一种利用专家的专业知识和实践经验，根据专家评分来确定其权重的方法，主要方法包括层次分析法、德尔菲法等。客观赋权法是基于实际统计资料，运用统计学原理求取各要素的权值，主要方法包括熵值法、主成分分析法等。

与主观赋权法相比，熵值法是一种基于各项指标的观察数据所能获得的信息量来定权重的一种方法。一般而言，一项指标所含的信息量越大，越能够体现所考察的指标体系的动态变化，从而使其在指标体系中具有更高的权重。1856年，德国物理学家克劳休斯创建了"熵"这个术语，并在《热之ERP、SCM与熵理论研究和应用唯动说》中提出，熵可用来表示在热功能转换过程中热能有效利用的程度。1948年，维纳和申农创建了信息理论，把熵作为一种测量不确定问题的度量方法。其基本特性是：熵值越小，不确定性越小，信息量越大；熵值越大，不确定性越大，信息量就越少。利用上述熵定律，可以用熵值来衡量一个指数的离散程度。熵值法的思想与可持续垃圾分类的机理相似，影响垃圾分类效果的主要因素也是其中变化程度大的因素。所以，本章将熵值法作为指标确权的一种方法。然而，熵值法缺乏对指标间的横向比较，且受样本量影响较大。

为了弥补熵值法的不足，本章在其基础上引入了CRITIC法。CRITIC法是根据各指标的对比强度与各指标之间的冲突性进行客观赋权的一种方法。1995年，相关学者提出了CRITIC法，它是一种基于指标相关性的赋权方法。在CRITIC法中，标准差越大，数据样本反映的信息量越大。当标准差一定时，指标间冲突性越大，权重越大。从两项指标的相关性来看，两指标之间的负相关系数越大，表示它们的冲突性越大，说明这两项指标在评价体系中所体现的信息差异越大；相反，这两项指标在评价体系中所反映的信息的相似性越高，指标间的冲突性越小，则其权重也越小。在权重计算时，将对比强度与冲突性相乘，做归一化处理，得到最终的权重。该方法能够有效弥补熵值法在指标间相关性分析中的缺失，两者结合提高了指标权重计算的合理度。

综上，为了减少人为因素对指标主观判断的影响，本章主要采用熵值法和CRITIC法计算指标权重，通过使用线性加权组合法确定最终指标权重。

(二)指标权重计算结果

本章使用熵值法和CRITIC法进行指标权重确定，计算过程如下。

1. 熵值法

熵值法赋权步骤见指标区分度测算部分,可分别使用公式(7-1)(7-3)(7-4)(7-5)求得权重值,此处不再赘述。

2. CRITIC 法

CRITIC 法赋权步骤具体如下。

(1)指标正向化处理。评价指标分为正向指标和负向指标。由于负向指标与最终结果影响成反方向,此时正负两种指标存在会使指标体系的计算量增大,因此,需要对负向指标进行正向化处理,具体计算公式为

$$x'_{ij} = \frac{1}{p + \max |X_i| + x_{ij}} \qquad (7-8)$$

(2)指标无量纲化处理,计算参照公式(7-1)。

(3)指标 j 所含信息量计算。假设 I_j 表示第 j 个指标所含的信息量,ρ_j 表示第 j 个指标与其他指标之间的对比强度,$\sum_{k=1}^{n}(1-r_{jk})$ 表示指标 j 与第 k 个指标之间的冲突程度,可用公式表示为

$$I_j = \rho_j \sum_{k=1}^{n}(1-r_{jk}) \qquad (7-9)$$

式中,$\rho_j = \frac{a_j}{x_j}$ 因此,I_j 越大,说明该指标包含的信息量越多,在系统中越重要,所赋权重就越大。

(4)指标 j 权重计算。第 j 个指标的客观权重表示为

$$\omega_j = \frac{I_j}{\sum_{k=1}^{n} I_k} \qquad (7-10)$$

(5)线性加权组合法。具体计算公式为

$$w_i = \alpha w'_i + \beta w''_i \qquad i = (1,2,\cdots,n) \qquad (7-11)$$

式中,w'_i 为第 i 个指标的熵值权重系数,w''_i 为第 i 个指标的 CRITIC 权重系数,且 $0 < w_i < 1$,$\sum_{i=1}^{n} w_i = 1$。α 和 β 表示两种赋权方法的相对重要程度,满足 $0 \leqslant \beta \leqslant 1$,本式取 $\alpha = \beta = 0.5$,计算出最终指标权重(见表 7-5)。

表 7 - 5　指标权重表

准则层	指标编号	熵值法	CRITIC 法	综合权重
驱动力指标	D1	0.0424	0.0459	0.0442
	D2	0.0611	0.0631	0.0621
	D3	0.0483	0.0409	0.0446
	D4	0.0403	0.0405	0.0404
压力指标	P1	0.0357	0.0575	0.0466
	P2	0.0557	0.0857	0.0707
	P3	0.1018	0.0731	0.0875
状态指标	S1	0.0750	0.0521	0.0636
	S2	0.0649	0.0451	0.0550
	S3	0.0454	0.0434	0.0444
影响指标	I1	0.0553	0.0506	0.0530
	I2	0.0675	0.0421	0.0548
	I3	0.0605	0.0467	0.0536
响应指标	R1	0.0338	0.0518	0.0428
	R2	0.0425	0.0761	0.0593
	R3	0.0417	0.0565	0.0491
	R4	0.0399	0.0452	0.0426
	R5	0.0347	0.0425	0.0386
	R6	0.0533	0.0413	0.0473

三、城市层面垃圾分类效果评价实证分析

(一)评价结果分析

根据 DPSIR 模型,本章引入了 TOPSIS 模型进行综合评价。TOPSIS(technique for order preference by similarity to an ideal solution)全称为"逼近于理想解的排序法",是一种用于多方案、多指标系统进行决策评估的方法。TOPSIS 通过正、负两个理想解来对评估目标进行排序,并计算出每个方案与目标之间的距离,然后求得接近度。与 1 的距离越近,则评估的效果愈好,反之愈差。评价结果分析的具体步骤如下。

(1)构造加权矩阵,计算公式如下:

$$v_{ij} = w_j r_{ij} \qquad (7-12)$$

(2)确定正负理想解,计算公式如下:

$$\text{正向指标:} \begin{cases} S_j^+ = \max_{1 \leqslant i \leqslant m} \{v_{ij}\} & (j=1,2,\cdots,n) \\ S_j^- = \min_{1 \leqslant i \leqslant m} \{v_{ij}\} & (j=1,2,\cdots,n) \end{cases} \qquad (7-13)$$

$$\text{负向指标:} \begin{cases} S_j^+ = \min_{1 \leqslant i \leqslant m} \{v_{ij}\} & (j=1,2,\cdots,n) \\ S_j^- = \max_{1 \leqslant i \leqslant m} \{v_{ij}\} & (j=1,2,\cdots,n) \end{cases} \qquad (7-14)$$

(3)计算不同方案到正负理想解的距离,计算公式如下:

$$Sd_i^+ = \sqrt{\sum_{j=1}^n (S_j^+ - v_{ij})^2} \qquad (i=1,2,\cdots,m) \qquad (7-15)$$

$$Sd_i^- = \sqrt{\sum_{j=1}^n (S_j^- - v_{ij})^2} \qquad (i=1,2,\cdots,m) \qquad (7-16)$$

Sd_i^+ 越大,表示评价对象与正理想解距离越远,结果越差;Sd_i^- 越大,表示评价对象与负理想解距离越远,结果越优。

(4)计算贴近度 C_i,计算公式如下:

$$C_i = \frac{Sd_i^-}{Sd_i^+ + Sd_i^-} \qquad (i=1,2,\cdots,n) \qquad (7-17)$$

式中:$C_i \in [0,1]$,C_i 结果越接近于 1,评价结果越优。

基于以上模型,对 DPSIR 框架下城市垃圾分类可持续性效果和各子系统可持续性效果进行分析,计算得到 2016—2020 西安市城市垃圾分类可持续性综合评价值和各子系统评价值(见表 7-6),并进一步对其变化趋势和成因进行分析(见图 7-6)。

表 7-6　西安市 2016—2020 年城市垃圾分类效果评价值

年份	驱动力	压力	状态	影响	响应	综合
2016	0.361	1.000	0.354	0.096	0.291	0.427
2017	0.214	0.503	0.121	0.312	0.516	0.391
2018	0.618	0.304	0.341	0.331	0.614	0.475
2019	0.512	0.079	0.455	0.622	0.700	0.496
2020	0.545	0.284	1.000	0.651	0.592	0.570

如图(7-6)所示,城市可持续垃圾分类效果评价值的总体变化态势为"稳步上升型"。2016—2017 年,其综合评价值由 0.427 轻微下降至 0.391,主要是受到驱动力、压力和状态系统综合作用的结果。2017 年以后,其综合评价值逐步上升至 0.570,整体趋势良好。这说明在垃圾分类相关政策的支持下,西安市垃圾分类举

措是有效的,且正向着更良好的方向发展。

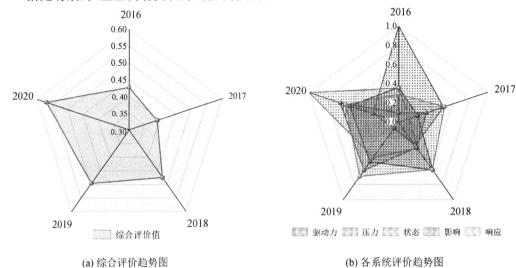

(a) 综合评价趋势图　　　　　　　　(b) 各系统评价趋势图

图 7 - 6　垃圾分类效果评价值变化趋势图

根据表 7 - 6 和图 7 - 6,本章对 DPSIR 各子系统垃圾分类效果评价分析如下。

(1)驱动力子系统。驱动力水平整体呈"波动上升"趋势。2018 年,驱动力评价值为 0.618,达到五年内的峰值,之后虽有轻微下降,但保持在相对平稳水平。其主要原因包括:①在经济社会发展方面,随着西安作为西部重要城市地位的日益突出和旅游业等产业的蓬勃发展,其人均 GDP 和城市化水平得到有效提高,为城市生活垃圾分类创造了良好的物质环境。②在科技进步方面,技术的发展与投入为推进智能垃圾分类、提高分类效率提供了有效支持手段。2017—2018 年,驱动力评价值显著上升,除了经济社会发展和科技进步的正向驱动以外,还包括第三产业增加值的略微下降带来的负向驱动值的降低,可能由于当年消费性业务收入偏低,使得垃圾产生量较上年有所下降,在正负双向作用下,从而使得 2018 年的驱动力评价值达到评价期内的峰值。

(2)压力子系统。2016—2020 年,压力子系统的评价值呈现先减小后增大的趋势。2016—2019 年,压力水平评价值直线下降,2019 年以后有所回升,但整体评价值仍处于较低水平。这说明压力子系统是西安市垃圾分类效果提高的重要"短板",阻碍了垃圾分类的进展。其主要原因在于受经济社会发展的影响,人口密度、居民消费性支出和建成区面积等不断增加,造成城市资源消耗增加、环境负担加重,使压力子系统的评价值不断降低。而 2019 年以后,其评价值有所上升,可能是因为受新冠疫情的影响,造成消费性支出和建成区面积的相对下降,缓解了资源环境压力对垃圾分类效果的负向影响。

(3)状态子系统。整体来看,城市生活垃圾分类的状态子系统评价值呈波动上升趋势。2016—2017 年有所下降,2017 年以后,其评价值稳步上升,短期内达到较高水平。原因如下：①政策推进。政府的大量投入使得生活垃圾产生量和二氧化硫排放量都得到了有效控制，极大地改善了垃圾分类现状。②区域开发。城市不断向外围扩张是城市化水平发展不可阻挡的趋势，虽然对城市周边环境造成了影响，但不可否认，建设用地的扩张在一定程度上缓解了城市居住压力，增加了城市人均居住面积，也为垃圾分类的实施创造了更多的家庭空间和社区空间。

（4）影响子系统。2016—2020 年，影响子系统评价值呈现稳步上升的态势，尤其是 2016—2019 年，评价值由 0.331 直接提高到 0.622。可能原因是西安市政府加大了环境整治的投入力度，实施了生活垃圾强制分类，极大地改善了人居生态环境，提高了居民的垃圾分类意识和环保意识，同时也增加了西安的旅游文化吸引力，使得垃圾分类进入正向循环。

（5）响应子系统。响应子系统的评价值由 2016 年的 0.291 稳步上升至 2019 年的 0.700，2020 年虽然有所下降，但仍处于中等水平。原因包括：①政策实施。自 2016 年西安市制定垃圾分类规划以来，相关政府部门又相继出台了多项垃圾分类实施方案和管理办法，投入了大量人力、物力、财力支持西安市垃圾分类工作，包括配备专业分类设备，提供大量垃圾分类、运输等就业岗位，做好垃圾清运、道路清洁、末端处理等工作，并从市一级到社区成立专门的生活垃圾分类管理岗位，专门负责垃圾管理。这些措施使西安市垃圾分类工作在短时间内步入正轨且初见成效。②再生资源利用企业发展。垃圾分类的无害化、减量化和资源化是实现可持续垃圾分类的重要目标，涉及政府、公众和企业三方的共同作用，而资源化的主体就是企业。随着垃圾分类政策投入力度的加大，吸引了更多企业从事废弃物资源回收利用工作，从而为垃圾分类工作的可持续性带来了正向反馈。2019 年以后，响应子系统评价值有所下降的原因在于新冠疫情的反复，使得政府尤其是基层将更多的人力、物力和财力都投入到了防疫工作中，一定程度上忽视了垃圾分类工作的开展。

（二）关键影响因素分析

为了探索影响城市垃圾分类效果的关键因素，并为下一步制定针对性的垃圾分类政策提供依据，本章基于因子贡献度和障碍度模型对影响城市垃圾分类效果的各项指标进行分析，识别主要障碍因素。利用因子贡献度（F_{ij}）、偏离度（I_{ij}）和障碍度（p_{ij}，P_{ij}）进行，具体计算公式如下：

$$F_{ij} = w_j \times z_j \times R_{ij} \tag{7-18}$$

$$I_{ij} = 1 - R_{ij} \tag{7-19}$$

$$p_{ij} = \frac{F_{ij} \cdot I_{ij}}{\sum\limits_{j=1}^{n}(F_{ij} \cdot I_{ij})} \times 100\% \tag{7-20}$$

$$P_{ij} = \sum p_{ij} \tag{7-21}$$

式中：w_j 为各指标所占的权重，z_j 为各子系统所占的权重，R_{ij} 为标准化处理后的单项指标值。参考联合国可持续发展解决方案网络发布的可持续发展目标年度报告和 SDGs 指示板的计算方法，反映城市生活垃圾分类工作的可持续性的系统是一个完整且不可分割的整体，各子系统之间存在严密的因果链关系，因此，本章在为各子系统赋权时采取了等权重的方法，为方便计算，设 $z_j = 1$。

根据障碍度模型，对 2016—2020 年西安市城市层面可持续垃圾分类效果障碍度进行计算，选取并分析前 5 个主要指标层障碍因素并对其进行排序（见表 7 - 7），得出各指标对城市层面可持续垃圾分类效果的影响程度。

表 7 - 7　2016—2020 年城市垃圾分类效果主要障碍因素及障碍度

年份	项目	指标排序				
		1	2	3	4	5
2016	障碍因素	R6	R5	R4	R3	R2
	障碍度/%	37.60	18.82	14.02	8.54	8.45
2017	障碍因素	R6	R5	R4	R1	I2
	障碍度/%	51.29	18.81	13.67	10.94	8.83
2018	障碍因素	R6	R3	P3	I3	I2
	障碍度/%	7.04	5.18	4.22	3.74	3.41
2019	障碍因素	P3	P2	S1	D2	I3
	障碍度/%	2.78	1.93	1.80	1.78	1.63
2020	障碍因素	R2	P3	P2	I1	D2
	障碍度/%	3.06	2.46	2.25	1.60	1.60

由表 7 - 7 可知，2016—2020 年影响城市垃圾分类效果的主要障碍因素（频数≥3）为废弃资源综合利用企业数 R6 和城市建成区面积 P3。

分时间段来看，2016—2017 年的主要障碍因素基本来自响应子系统，主要原因是西安市垃圾分类正在起步，政府投入不足，限制了可持续垃圾分类的发展。废弃资源综合利用企业数 R6 在 2016—2017 障碍度所占比重最大，说明该阶段企业尚未在垃圾分类中发挥积极有效的作用，也从侧面说明了企业参与资源回收对垃圾分类的重要性。另外，城市水利、环境及公共设施管理从业人员数 R5 和市容环卫专用车辆设备 R4 在此阶段障碍度较高，说明政府的人力、物力投入在垃圾分类的起步阶段尚未完善，成为阻碍政策有效实施的关键因素。

2018 年以后，影响城市生活垃圾分类效果的各障碍因素的障碍度都处于较低水平，说明相对于其他指标，这些因素虽然阻碍了垃圾分类的有效实施，但影响程度不高。该阶段，城市建成区面积 P3、人口密度 P2、城市空气质量达标率 I2 和建成区绿化覆盖率$I3$等出现频次较高。这说明:一方面,城市的发展和人口的增加给城市生活垃圾分类推进带来了压力,需要重视城市的高质量发展,避免盲目扩张和人口无序增加带来的垃圾分类管理的困境;另一方面,城市人居环境对于有效推进垃圾分类意义重大,需要加强整体环境整治力度和社会环境保护,提高居民的环保意识和参与垃圾分类的主观能动性。

第四节　城市生活垃圾分类微观效果评价

城市生活垃圾分类微观效果评价主要是指公众参与垃圾分类效果评价。公众是否有效参与垃圾分类,是衡量垃圾分类效果的关键,也是推进垃圾分类首先要研究和解决的问题。研究发现,对公众参与垃圾分类的测度,主要围绕动机和行为两个维度展开。本节主要内容包括:①根据问卷信息,采用主成分分析法,确定公众参与垃圾分类动机-行为模型最终的评价指标体系及各指标权重,并结合动机-行为差异,构建垃圾分类动机-行为类型理论模型;②分别从垃圾分类动机、垃圾分类行为和垃圾分类动机-行为类型三个方面,对样本人群的垃圾分类现状进行分析;③采用Logistics回归分析,对公众参与垃圾分类动机-行为类型的影响因素进行测量,确定公众参与层面的关键影响因素。

一、动机-行为指标体系构建

(一)测量题项描述

根据已构建的动机-行为模型,结合问卷题项和测量结果,本章对衡量公众参与垃圾分类效果的测量题项描述见表7-8,主要包括相关理论指导下的内在动机、外在动机、预期目标实现难度的相关题项以及垃圾分类行为的测量题项。

如表7-8所示,本章使用五个因素20个题项测量垃圾分类的行为动机,使用1个题项测量行为实施情况。问卷中所有题项均采用五点李克特量表进行测量,其中5(非常同意)表示最有利的反应,1(非常不同意)表示最不利的反应。

(二)探索性因子分析

垃圾分类动机是潜在的、复杂的、难以直接测量的,但可以使用探索性因子分析来量化。将表7-9的动机维度测量题项代入因子分析,判断是否所有题项都满足因子分析要求,删除不符合要求的题项,以形成最终的动机-行为评价指标体系。表7-9和表7-10显示了因子分析结果。

如表7-10所示,Kaiser-Meyer-Olkin(KMO)值为0.878,巴特利特(Bartlett)球形检验显著,确定该指标体系适合进行因子分析。对各个测量题项的因子载荷进行统计,结果表明,所有题项因子载荷均大于0.5,说明没有题项需要被删除。

此外,本章还对各因子的内部一致性进行了检验,发现克龙巴赫 α 系数均大于 0.7,说明指标具有较好的信度,适合进一步进行统计分析。

表 7-8 测量题项描述性统计

维度	二级指标	三级指标	测量题项	均值	标准差
行为动机	内在动机	个人规范(PN)	PN1 不进行垃圾分类违背我的道德原则	4.24	0.961
			PN2 无论别人怎么做,基于我的个人价值观,我都会进行垃圾分类	4.49	0.826
			PN3 如果没有对垃圾进行分类,我会感到内疚	4.18	0.975
		后果意识(AC)	AC1 垃圾分类可以减少环境污染	4.79	0.635
			AC2 不经分类地处理垃圾会造成生态破坏	4.73	0.693
			AC3 垃圾分类可以减少资源浪费	4.75	0.655
			AC4 垃圾分类可以为人类后代创造更好的环境	4.82	0.557
		行为意向(BI)	BI1 我愿意花时间进行垃圾分类	4.39	0.728
			BI2 我计划进行垃圾分类	4.35	0.776
			BI3 我会尽力进行垃圾分类	4.49	0.675
	外在动机	主观规范(SN)	SN1 我会听从家人劝告进行垃圾分类	4.63	0.656
			SN2 我会听从朋友劝告进行垃圾分类	4.47	0.771
			SN3 我会听从邻居劝告进行垃圾分类	4.37	0.868
			SN4 我会听从环保组织劝告进行垃圾分类	4.67	0.665
			SN5 我会听从政府劝告进行垃圾分类	4.68	0.667
	预期目标实现难度	感知行为控制(PBC)	PBC1 我认为我能够进行垃圾分类	4.23	0.829
			PBC2 对于我来说,进行垃圾分类是容易做的事	4.04	0.996
			PBC3 是否决定进行垃圾分类完全取决于我自己	4.01	1.240
			PBC4 我有充足的时间进行垃圾分类	3.95	1.014
			PBC5 我家有充足的空间放置分过类的垃圾	4.75	1.164
行为	—	—	您平时会分类处理垃圾吗?	3.85	0.878

表 7 - 9　主成分系数表

| 题项 | 成分 | | | | | 因子载荷 | 克龙巴赫 α 系数 |
	1	2	3	4	5		
PBC1	−0.019	−0.019	0.262	−0.027	−0.007	0.619	
PBC2	−0.025	−0.040	0.305	−0.067	0.016	0.689	
PBC3	−0.001	−0.006	0.337	−0.186	−0.035	0.635	0.754
PBC4	−0.039	−0.006	0.319	0.043	−0.117	0.725	
PBC5	−0.040	−0.017	0.356	−0.031	−0.101	0.744	
PN1	−0.050	−0.048	−0.061	−0.089	0.488	0.823	
PN2	−0.023	−0.025	−0.045	−0.056	0.403	0.737	0.833
PN3	−0.043	−0.056	−0.046	−0.081	0.474	0.817	
BI1	−0.044	−0.022	−0.062	0.434	−0.073	0.803	
BI2	−0.041	−0.039	−0.054	0.419	−0.047	0.795	0.868
BI3	−0.066	0.000	−0.05	0.463	−0.082	0.824	
SN1	0.285	−0.026	−0.014	−0.079	−0.036	0.787	
SN2	0.299	−0.034	−0.013	−0.090	−0.024	0.827	
SN3	0.288	−0.029	−0.022	−0.062	−0.029	0.815	0.865
SN4	0.247	−0.014	−0.033	−0.018	−0.026	0.736	
SN5	0.249	0.012	−0.029	−0.014	−0.069	0.728	
AC1	−0.022	0.290	−0.023	−0.020	−0.011	0.818	
AC2	−0.021	0.304	−0.028	0.000	−0.064	0.823	0.881
AC3	−0.031	0.319	−0.007	−0.011	−0.079	0.852	
AC4	−0.010	0.317	−0.013	−0.056	−0.029	0.872	

注：KMO 值为 0.878，Bartlett 球形检验显著性为 0.000。

表 7 - 10　各因子方差贡献率和累计贡献率

| 因子 | 初始特征值 | | | 旋转后特征值 | | | 权重 |
	总计	方差贡献/%	累积方差贡献/%	总计	方差贡献/%	累积方差贡献/%	方差/累积方差贡献
SN	6.655	33.273	33.273	3.356	16.779	16.779	0.247
AC	2.383	11.917	45.190	3.020	15.100	31.879	0.222
PBC	2.018	10.091	55.281	2.636	13.182	45.060	0.194
BI	1.362	6.809	62.089	2.355	11.773	56.833	0.173
PN	1.159	5.793	67.883	2.210	11.050	67.883	0.163

　　由表 7 - 10 可知，五个因素的初始特征值均大于 1，满足主成分提取需求，且累计方差贡献率为 67.883%，在社会科学研究领域该结果足够描述垃圾分类动机水平。因此，通过以上五个因素描述行为动机是合理的。除此之外，根据方差贡献率，本章对各因素的权重进行了计算，结果如下：主观规范的权重占比最大，为

0.247；后果意识的权重为 0.222；感知行为控制的权重为 0.194；行为意向的权重为 0.173；个人规范的权重占比最小，为 0.163。这说明在解释行为动机水平时，主观规范对行为动机的影响最大，即一个人是否有动机实施垃圾分类，主要受主观规范的影响。该结果说明，公众尚未将参与垃圾分类内化为个人的主观意愿，而更多地受到群体规范或社会规范的制约，从而产生参与垃圾分类的动机。

(三)公众参与垃圾分类效果评价体系

根据上述分析结果，结合动机-行为理论模型，本章构建了公众参与垃圾分类效果评价体系(见表 7-11)。

表 7-11　公众参与垃圾分类效果评价指标体系

维度	二级指标	三级指标	权重
行为动机	内部动机	个人规范	0.163
		后果意识	0.222
		行为意向	0.173
	外部动机	主观规范	0.247
	预期目标实现难度	感知行为控制	0.194
行为	是否实施垃圾分类行为(测量值＞均值，"有分类行为"＝0；测量值＜均值，"无分类行为"＝1)		

由表 7-11 可知，公众参与垃圾分类的效果分别从两个维度进行分析：动机维度和行为维度。动机维度主要关注三级指标情况，根据三级指标权重和行为动机综合计算公式，可以对行为动机进行分析。行为维度关注公众当下是否实施了垃圾分类行为，由于测量题项采用五点李克特量表进行打分，垃圾分类行为的评分从 1 到 5，分别表示从不分类、不怎么分类、有时会分类、大部分时候会分类、总是会分类。因此，为了更好地评价垃圾分类行为，本章将测量值大于均值的个体确定为"有分类行为"，虚拟变量用"0"表示；将测量值小于均值的个体确定为"无分类行为"，虚拟变量用"1"表示，便于接下来对垃圾分类行为做进一步分析。

(四)垃圾分类动机-行为类型模型

公众参与垃圾分类效果的衡量是从动机和行为两个维度展开的。基于动机和行为的差异，可以进一步对居民参与垃圾分类的行为结构进行细分，以便更好地衡量垃圾分类效果，并提出有针对性的垃圾分类策略。根据已构建的动机-行为评价指标体系，结合指标权重计算结果，本章将动机划分为"有分类动机"和"无分类动机"两种。根据垃圾分类行为的测量结果和表 7-11 的内容，本章将行为划分为"有分类行为"和"无分类行为"两种。据此，本章提出了四种垃圾分类动机-行为类型,分别为有分类动机且有分类行为、有分类动机但无分类行为、无分类动机但有分类行为、无分类动机且无分类行为。结合动机和行为结果,本章构建的包含四种颜色垃圾分类动机-行为类型理论模型如图7-7所示。

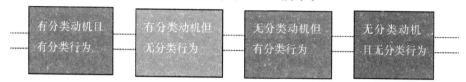

图7-7 垃圾分类行为分类模型

具体计算步骤如下:

第一步:计算行为动机综合值。根据表7-11的统计结果,垃圾分类动机综合值(F)使用公式(7-22)计算。

$$F = 0.163 \times F1 + 0.222 \times F2 + 0.173 \times F3 + 0.247 \times F4 + 0.194 \times F5$$
$$(7-22)$$

式中:$F1$—$F5$分别表示个人规范、后果意识、行为意向、主观规范和感知行为控制。

第二步:动机和行为量化。根据垃圾分类动机的计算值,将$F>0$的个体定义为"有分类动机",将$F \leqslant 0$的个体定义为"无分类动机"。

$$分类动机(F) = \begin{cases} F > 0, & 有分类动机 \\ F \leqslant 0, & 无分类动机 \end{cases} \quad (7-23)$$

根据表7-1、表7-3的统计结果,垃圾分类行为均值为3.85,用BH表示行为,则有BH>3.85,表示"有分类行为";BH<3.85,表示"无分类行为"(见式7-24)。

$$分类行为(BH) = \begin{cases} BH > 3.85, & 有分类行为 \\ BH < 3.85, & 无分类行为 \end{cases} \quad (7-24)$$

第三步:垃圾分类行为颜色编码。根据上述计算结果,本章提出四种颜色的垃圾分类动机-行为类型(见图7-7)。

①绿色分类行为(绿色-BH)是指"有分类动机"且"有分类行为"的行为。该类型的群体具有较高的垃圾分类倾向,且能够较好地控制自己的行为。在社区网络中,这类群体是推进垃圾分类工作需要关注的关键群体,对其特征的识别和提取是提高社区垃圾分类效果的关键。

②灰色分类行为(灰色-BH)是指"有分类动机"但"无分类行为"的行为。这类行为的显著特征是动机和行为之间的不一致。这种垃圾分类行为是不稳定的,研究其样本特征可以很好地解释为什么有行为动机的人不积极实施垃圾分类行为。

③蓝色分类行为(蓝色-BH)是指"无分类动机"但"有分类行为"的行为。属于此类型的群体虽然没有较强的环保动机,但其依然保持环保行为。这类行为受到其他因素的影响,研究其影响因素是尝试推动群体垃圾分类行为的有效路径。

④红色分类行为(红色-BH)是指"无分类动机"且"无分类行为"的行为。这种类型的群体既缺乏行为动机，也无法执行垃圾分类行动，其动机和行为皆受不同因素影响。研究其人群特征及影响因素是了解垃圾分类消极者的关键(见式7-25)。

在统计分类中，分别将其赋值为：0＝"绿色-BH"，1＝"灰色-BH"，2＝"蓝色-BH"，3＝"红色-BH"。

$$垃圾分类行为颜色编码 = \begin{cases} F > 0, BH > 3.85 & "绿色-BH" \\ F > 0, BH < 3.85 & "灰色-BH" \\ F \leqslant 0, BH > 3.85 & "蓝色-BH" \\ F \leqslant 0, BH < 3.85 & "红色-BH" \end{cases} \quad (7-25)$$

二、公众参与垃圾分类效果现状分析

根据构建的动机-行为分析框架，本章将分别从动机、行为、动机-行为类型模型三个方面对公众参与垃圾分类效果现状进行分析，主要分析内容如下：①样本分布情况。根据样本量，整体描述公众垃圾分类的动机、行为和四种颜色动机-行为类型的样本分布情况。②社会人口统计学差异性。由于公众参与垃圾分类具有社会人口统计学意义上的差异性，因此，考虑样本在个人层面(包括性别、年龄、学历、月收入)、家庭层面(包括家庭常住人口数)和社区层面(包括社区居住年限、社区等级)分布的差异性，以判断存在特定行为的样本特征并分析原因。对社会人口统计学特征的分析，可以为后面垃圾分类推进策略中社区识别关键群体提供定量层面的基本人物信息。

根据问卷结果，对样本量信息统计如表7-12所示。

表7-12 样本量信息描述性统计(N=1102)

类别	统计项	频数/人	占比/%
性别	男	439	39.8
	女	663	60.2
年龄/岁	7～14	153	13.9
	15～24	124	11.3
	25～34	204	18.5
	35～44	166	15.1
	45～54	120	10.9
	55～64	178	16.2
	65 及以上	157	14.2

类别	统计项	频数/人	占比/%
学历	没上过学	15	1.4
	小学	162	14.7
	初中	199	18.1
	高中(中专、技校、职高)	257	23.3
	大专或本科	406	36.8
	研究生	63	5.7
月收入/元	2500 及以下	440	39.9
	2501~4000	238	21.6
	4001~6000	188	17.1
	6001~8000	100	9.1
	8001~10000	55	5.0
	10001~20000	62	5.6
	20000 以上	19	1.7
家庭常住人口数/人	1	47	4.2
	2	206	18.7
	3	318	28.9
	4	321	29.1
	5	140	12.7
	6	47	4.3
	7 及以上	23	2.1
社区等级	高档	358	32.5
	中档	313	28.4
	低档	431	39.1
社区居住年限/年	2 及以下	260	23.6
	2~5	346	31.4
	6~10	284	25.8
	11~15	65	5.9
	15 以上	147	13.3

（一）垃圾分类动机描述分析

1. 样本人群行为动机分布

根据式(7-23)，动机可以分为有分类动机和无分类动机。判断抽样人群有无分类动机的各自占比，可以大概估计西安市全体居民的分类动机情况，以此作为衡量其分类效果的依据之一。抽样人群分类动机分布如图7-8所示。

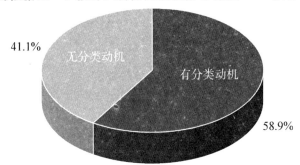

41.1%　无分类动机　　有分类动机　　58.9%

图 7-8　样本人群行为动机分布

由图7-8可知，在抽样群体中，有58.9%的居民具有垃圾分类动机，有41.1%的居民不具有垃圾分类动机。整体而言，有垃圾分类动机的人群数量优势并不明显，这说明从动机来看，西安市公众参与垃圾分类的效果并不是特别理想。由于动机具有预测垃圾分类可持续性行为的特性，动机优势不明显意味着西安市垃圾分类的可持续性存在危机。了解影响动机的因素，是提高垃圾分类动机并推进垃圾分类可持续性行为的重要环节。

2. 行为动机的社会人口特征差异

根据式(7-23)，计算出受访样本的行为动机综合值。利用箱线图，分别从性别、年龄、学历、月收入、家庭常住人口数、社区居住年限和社区等级七个方面测量其行为动机的差异性，并进行分析。如图7-9所示，公众参与垃圾分类的动机因个体和环境差异而存在不同。

（1）性别差异。男性与女性的行为动机集中趋势相似，中位数基本一致，接近于上四分位数且皆大于0，说明不论男女，大部分个体具备垃圾分类动机。但从均值来看，男性垃圾分类动机均值明显小于女性，这说明女性在垃圾分类方面比男性具有更高的行为动机，这佐证了文献当中提出的女性更关注环境保护的观点。另外，男性垃圾分类动机的均值小于0，观察其整体分布情况，发现男性数值分布相对分散，下四分位数的1.5倍IQR（四分位数间距）更远，且具有较多的异常值，这可能是其均值小于0的原因。综上，女性群体具备更高的垃圾分类动机，可考虑将其作为垃圾分类的关键助推人群，挖掘其影响力，使其成为推动垃圾分类的重要力量。

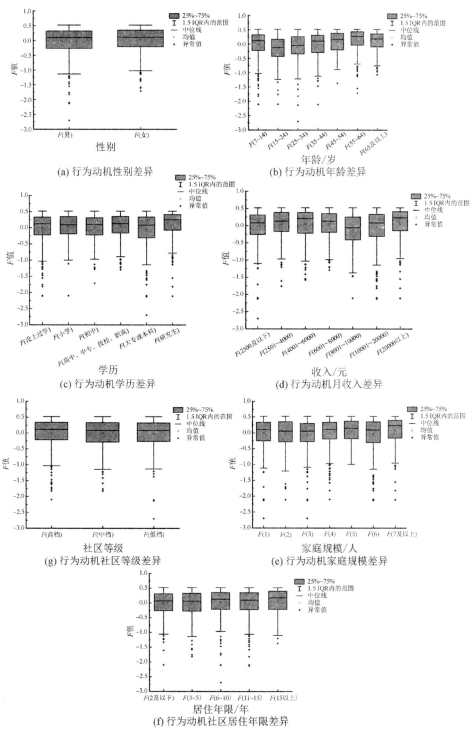

图 7-9 行为动机的社会人口特征差异

（2）年龄差异。从数值分布来看，7～44岁的数值集中趋势相似，数值相对分散；45岁以后的数值分布更加集中，尤其是55～64岁和65岁及以上这两个年龄段的数值集中趋势更加明显。从均值来看，年龄上的均值分布呈现"波浪形"变化趋势，其中，15～24岁的均值最低且明显小于0，说明该年龄段的个体通常垃圾分类动机不强，原因包括：①从生理上讲，该年龄段人群处于青春期，叛逆思想较重，表现出对主流意识的抵抗；②从心理上讲，这一年龄段人群正处于世界观、价值观的架构和成型时期，开始了解社会问题但还未形成问题解决意识和问题解决能力，趋向于消极地看待事物；③从环境上讲，该年龄段人群接触大量网络信息，而多数信息是问题导向型的，这无形中会被灌输更多消极观念。与该年龄段人群相比，儿童和老年人则表现出了更高的垃圾分类动机，这说明学校教育尤其是初级阶段环保教育对个体形成环保动机是有效的；55～64岁人群的垃圾分类动机均值最高，原因在于该年龄段人群既无工作压力且有垃圾分类时间和精力，所以表现出了更积极的垃圾分类动机，这也是推动垃圾分类的关键人群之一。

（3）学历差异。总体来看，垃圾分类的行为动机在学历上并没有特别明显的差异，这验证了受教育程度并不是垃圾分类意愿的影响因素这一观点。值得注意的是，尽管如此，大专或本科学历人群的分类动机却明显低于其他学历人群，推测这可能与该学历人群目前的职业状态和工作环境有关，是进一步分析的有趣研究点。另外，研究生学历人群数值分布趋势更集中且均值较高，这与该学历人群具备更系统的思维体系、更高的关注视角和更强的能动性有关。

（4）月收入差异。总体来看，数值分布集中趋势基本一致，其均值也呈现出"波浪形"的变化趋势，即随着收入水平的升高，均值呈先增大后减小再增大的变化趋势。其中，8001～10000元收入段数值最为分散，动机均值最低，这说明这一收入段的人群异质性更大，其所处的社会环境影响了其环保动机，具体受哪些因素的影响可做深入分析。

（5）家庭规模差异。从数值分布来看，5人和7人及以上家庭规模表现出了更高的分类动机，说明合适的家庭规模可以在其内部形成相互影响的组织，在已有的文献当中验证了较大的家庭规模在垃圾分类回收方面表现出了更良好的动机和行为。但在数据结果中，6人家庭规模却表现不佳，可能受到样本本身的影响，有待进一步探究。

（6）社区居住年限差异。具有最长社区居住年限的群体表现出了更高的分类动机，这体现了社区归属感对垃圾分类动机和行为的影响。该群体对所在社区具备更高的责任感，所以倾向于做出更有利于社区环境的行为。

（7）社区等级。高档和中档社区分类动机更高，低档社区分类动机最低。具体原因包括：①社区环境影响人的感知，进而产生相应的环保意识，高档和中档社区具备更良好的社区环境，成为激发社区居民垃圾分类动机的外在影响力。②分类实施是垃圾分类的主要基础。调研发现,多数低档小区并未配备合格的垃圾分类设备,垃圾随意倾倒和垃圾恶臭现象严重影响社区居民的居住环境,环境的"破窗效应"导致社区居民更不愿意从事垃圾分类。

(二)垃圾分类行为描述分析

1. 样本人群分类行为分布

根据式(7-24),垃圾分类行为可分为有分类行为和无分类行为。判断抽样人群有无分类行为各自占比,可以大概估计西安市全体居民的分类情况,以作为衡量其分类效果的另一依据。抽样人群分类行为分布如图7-10所示。

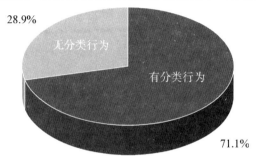

图7-10 样本人群分类行为分布

由图7-10可知,在抽样群体中,有71.1%的居民能够实施垃圾分类,有28.9%的居民无垃圾分类行为。总体来看,能够实施垃圾分类的人群占到总人数的三分之二以上,以此预估西安市整体公众参与垃圾分类的情况是比较乐观的。

2. 分类行为的社会人口特征差异

根据问卷对垃圾分类行为的测量结果,利用折线图,分别从性别、年龄、学历、月收入、家庭常住人口数、社区居住年限和社区等级七个方面测量其行为均值的差异性,并进行分析(见图7-11)。

总体而言,垃圾分类行为在社会人口特征上具有一定的差异性。具体来看,在性别差异方面,男女两性的垃圾分类均值基本相同,男性稍稍高于女性,说明其在性别方面不具有显著差异。对比前文所述的动机的性别差异,发现女性具有更高的分类动机但分类行为实施不足,更符合灰色人群的特征。

在年龄差异方面,其行为均值的总体变化幅度大概在0.01左右,实际上不具备人群的明显异质性。相比之下,7~14岁人群的垃圾分类行为最好,这应该是该类人群受学校教育影响的原因。

在学历差异方面,本科及以下学历人群的垃圾分类行为均值基本一致,不存在显著差异性。相比而言,研究生学历人群垃圾分类行为表现最好,该阶段人群明显有更强的垃圾分类行动。

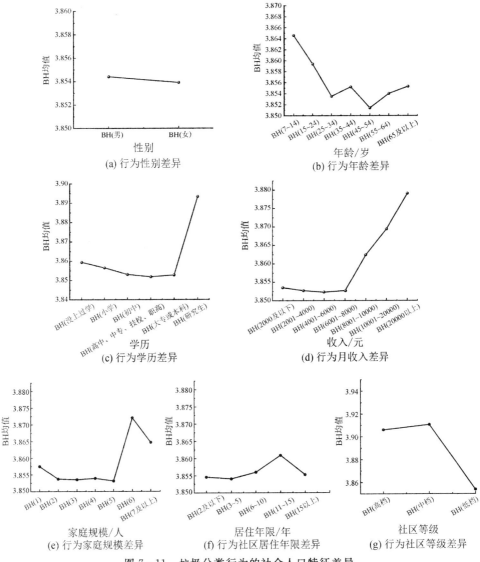

图 7-11　垃圾分类行为的社会人口特征差异

　　在月收入差异方面,月收入水平在 8000 元及以下的人群垃圾分类行为均值基本一致,且处于较低水平。当月收入大于 8000 元以后,随着收入水平的提高,垃圾分类行为表现越好。该种现象可通过马斯洛需求层次理论进行解释,当月收入水平达到一定程度以后,人们对于生存层次的需求开始下降,转而追求诸如健康、安全、尊重等更高等级的需求。高收入人群具备更高的需求层次追求,可能是促使其从事垃圾分类的原因之一。

　　在家庭规模差异方面,统计结果显示,家庭人口在 5 人及以下的人群的分类均值基本一致,不存在明显的差异性。家庭人口为 6 人的人群表现出了明显的分类行为,这与行为动机分析中 6 人家庭规模表现出的低分类动机成鲜明对比。若排除数据结果的不准确性这一系统误差,6 人家庭规模的人群更符合蓝色人群特征。

在社区居住年限差异方面,可以看到,随着社区居住年限的增加,垃圾分类的均值表现越好,到 11～15 年达到分类均值的峰值,随后开始下降。可能原因包括:社区居住年限在一定程度上可以反映人的社区归属感,通常而言,一个人对某地方的归属感越强,越具有能动性,越能做出有利于该地区的行为,这可以解释社区认同感和归属感对垃圾分类行为的影响。而随着居民居住年限继续增加,垃圾分类行为均值反而出现下降,可能原因在于更高的社区居住年限大概率代表更高的年龄水平,很多统计量显示,有些居民在社区居住年限达三四十年之久,这种特征的样本以老年人居多,他们可能存在垃圾分类行为上能力不足的问题,比如不能正确对垃圾进行分类、经年累月养成的习惯短时间难以改变等,这些都是造成垃圾分类行为均值下降的原因。

在社区等级差异方面,高档社区和中档社区的垃圾分类行为均值基本一致,中档社区略高,但低档社区的垃圾分类均值明显低于其他两档社区,具体原因前文已有分析,此处不再赘述。

(三)垃圾分类动机-行为类型模型结果分析

根据图 7-7 和式(7-25)的理论模型和计算结果,本章对垃圾分类动机-行为类型模型的结果统计如图 7-12 所示。

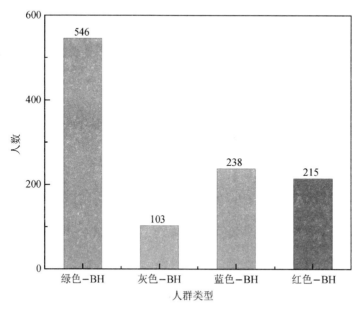

图 7-12　垃圾分类动机-行为类型人群分布

由图 7-12 可知,绿色-BH 的人群分布数量为 546,人数最多,占比最高,这在一定程度上反映了西安市公众参与垃圾分类的一个好的趋势,即有分类动机且能够实施垃圾分类行为的人群占到了总人数的绝对优势比例,对进一步推行垃圾分类政策具有更强的促进作用。灰色-BH 的样本数量为 103,占总抽样人群的 9.3%,在所有类型中占比最低。蓝色-BH 的样本数量为 238,数量在总抽样人群中占比排在第二位。从绿色-BH 和蓝色-BH 的人群分布来看,总体上,西安市能够有效实施垃圾分类的人群数量较多,这体现了垃圾分类政策的短期成效。

另外,根据图 7-12 的统计结果,红色-BH 的样本人群数量为 215,占总抽样人群的 19.5%,这个比例不容乐观。这说明在西安市垃圾分类推进工作中,有接近 20%的人群既不认可垃圾分类措施,也不愿意实施垃圾分类行为,这类人群是社区推进垃圾分类工作的主要阻碍,也是长效垃圾分类工作中需要克服的主要障碍。同时,随着垃圾分类工作进入疲软期,这类人群会迅速增加,最终可能导致垃圾分类政策的失败。因此,在垃圾分类推进策略研究中,除了要关注绿色-BH 群体以外,红色-BH 群体也是社区需要识别的关键群体,并针对这一群体要出台有效的垃圾分类推广策略。

三、公众参与垃圾分类效果实证分析

(一)影响因素选取

考虑到人的动机-行为分别受内外部因素的影响,因此,本章在已有文献分析的基础上,分别引入垃圾分类知识等内部因素和信息宣传等外部因素,衡量其对垃圾分类动机-行为类型的影响。对其变量的描述如表 7-13 所示。

表 7-13 内外部因素变量描述表

因素类型	变量	题项	均值	标准差
内部因素	垃圾分类知识	我了解垃圾分类知识	3.96	0.847
		我了解垃圾分类的好处	4.34	0.790
		我了解垃圾分类的整个流程	3.53	1.094
		我了解西安市的垃圾分类标准	3.55	1.149
		我能分清哪些垃圾是可回收物	4.24	0.857
	利他价值观	平等	4.62	0.665
		世界和平	4.68	0.667
		社会正义	4.71	0.630
		助人为乐	4.58	0.739
	利己价值观	权力	3.35	1.161
		财富	3.60	1.045
		权威	3.46	1.128
		影响力	3.94	1.042
	生物圈价值观	防止污染	4.69	0.633
		珍爱地球及其他物种	4.71	0.624
		保护环境	4.80	0.526

续表

因素类型	变量	题项	均值	标准差
外部因素	信息宣传	信息宣传可以帮助居民关注城市生活垃圾问题	4.64	0.703
		信息宣传可以帮助居民了解如何正确进行垃圾分类	4.63	0.684
		信息宣传时间越长，居民对垃圾分类的关注就越高	4.48	0.849
	政策有效性	政府的政策使居民了解垃圾分类的重要性	4.35	0.938
		政府的措施清楚地解释了垃圾分类的好处	4.30	0.938
		政府的政策鼓励了我进行垃圾分类	4.21	1.029
		政府提供的设施为参与垃圾分类提供了便利的环境	4.26	1.050
		总的来说，政府关于垃圾分类的推动措施是有效的	4.11	1.106
	设施便利性	所在小区分类垃圾桶数量的充足程度	3.86	1.016
		所在小区分类垃圾桶分布位置的便利程度	4.04	0.926

（二）Logistic 回归分析

根据上述变量结果，将变量代入进行无序多分类回归分析，定义"绿色-BH"=3，"灰色-BH"=2，"蓝色-BH"=1，"红色-BH"=0，结果如表7-14所示。

表7-14 多分类 Logistic 回归分析结果

变量	蓝色-BH	灰色-BH	绿色-BH
信息宣传	0.149 (1.100)	0.940** (3.554)	1.000** (5.359)
政策有效性	0.214 (1.852)	0.633** (3.640)	1.051** (7.610)
设施便利性	-0.065 (-0.523)	0.097 (0.587)	0.343** (2.611)

变量	蓝色-BH	灰色-BH	绿色-BH
垃圾分类知识	0.833**	1.102**	1.675**
	(5.531)	(5.443)	(10.249)
利他价值观	−0.002	0.888**	0.927**
	(−0.013)	(2.691)	(4.171)
利己价值观	−0.141	−0.011	−0.234
	(−1.152)	(−0.068)	(−1.873)
生物圈价值观	0.023	0.680	0.682**
	(0.136)	(1.900)	(2.840)
截距	−3.673**	−19.273**	−22.484**
	(−3.445)	(−8.363)	(−13.545)
似然比检验	$\chi^2(21)=568.096, p=0.000$		

注：括号中的数值代表 z 值。

由表 7-14 可知，与红色-BH 相比，在蓝色-BH 假设下，垃圾分类知识的回归系数值为 0.833，且在显著性水平 $\alpha=0.01$ 情况下显著（$z=5.531, p=0.000<0.01$），意味着垃圾分类知识会对垃圾分类动机-行为类型产生显著的正向影响。优势比（OR 值）为 2.299，意味着垃圾分类知识每增加一个单位时，变化（增加）幅度为 2.299 倍。

相对于红色-BH 来说，在灰色-BH 的前提下，信息宣传的回归系数值为 0.940，并且在 0.01 水平上显著（$z=3.554, p=0.000<0.01$），意味着信息宣传会对垃圾分类动机-行为类型产生显著的正向影响。优势比（OR 值）为 2.559，意味着信息宣传每增加一个单位时，变化（增加）幅度为 2.559 倍。同理，政策有效性、垃圾分类知识、利他价值观在该前提之下都表现出了正向的显著影响。

另外，相对于红色-BH，在绿色-BH 的前提下，除利己价值观外，其他因素均对垃圾分类动机-行为类型产生显著的正向影响。也就是说，要提高绿色-BH 比例，深化居民对垃圾分类价值认知、提高居民垃圾分类的价值认同、增加居民垃圾分类的知识，是有效推动居民垃圾分类的重要前提。在外部因素方面，加强信息宣传、提高政策效用和设施便利性、为居民参与垃圾分类创造良好的外部环境，是推进垃圾分类的必要手段。

但实际上，推进垃圾分类工作无法在短时间内面面俱到，也无法在短时间内改变居民对特定事物的认知，因此，将居民从红色-BH 向绿色-BH 转化实际上是一个漫长且困难的过程。在短期之内，推进垃圾分类的工作人员还是可以将关注重心放在能够短期内被有效解决的问题上。从分析结果来看，只有垃圾分类知识对所有类型的转化都有显著的正向影响。因此,加强垃圾分类知识教育,提高居民垃圾分类标准掌握程度,可以降低居民参与垃圾分类的预期难度,提高其垃圾分类信心,节约垃圾分类时间,这是将其内化为行为习惯的必然选择。

第五节　城市生活垃圾分类推进策略

一、政府-市场-社区协同治理机制构建

(一)多主体协同治理内涵

从本质上讲,协同治理要求政府与企业、政府与社会组织等不同主体之间建立起平等合作的相互对等关系,并在社会公共事务治理中进行有效的磋商和对话,以实现公共利益的最大化。田玉麒基于此思想,提出了一种新型的社会治理模式,它强调多元主体间的协调与互动,以达到治理社会公共事务的目的。其本质属性主要表现在相互联系的三个方面:①建立起一种制度形态,即控制主体行为方式的环境制约条件;②建立起一种调节各主体互动模式的关系结构;③确保多元主体共同参与开放性决策治理过程。

本章引入多主体协同治理作为垃圾分类策略的分析框架,原因有三方面:①通过文献研究和社会调查,发现垃圾分类工作涉及多个主体的共同参与,各个主体都在垃圾分类工作中扮演着不可缺少的角色。因此,要推进垃圾分类工作,必须要从多元维度着手,借鉴协同治理理论的思想,实现多主体之间的有效协调和沟通。②根据垃圾分类效果的表征形式,既有宏观层面整体分类环节的总体效果,又有微观层面公众参与垃圾分类的个体效果,这决定了在进行推进策略分析时,不能只考虑一个层面的因素,而是要把两个层面有机结合起来。③随着国家治理体系现代化的推进,各个亟待解决的社会问题都有望通过多主体协同治理实现质的推进。垃圾分类作为国家重要的生态环保战略,其能否有效推进一直是党和国家高度关注并不懈努力的主要方向,因此,尝试从多主体协同治理的角度推进垃圾分类,既是国家的战略需要,又是对协同治理在新领域的有效尝试。

(二)垃圾分类协同治理分析框架

垃圾分类一直是国家生态治理的重要举措,是实现可持续发展和资源循环利用的根本之策。这不仅是政府的战略支持项目,更因其具有的废弃资源再利用属性,需要市场力量有效参与,方能发挥作用。此外,公众的参与也深刻影响着垃圾分类效果。本章基于既有研究成果,探讨如何实现"政府-市场-社区"等多元主体的有效协同与有序合作,建立理论分析框架。

关于协同治理机制,当前学界普遍采用的是结构-过程模型。这一模型包含了

许多与协同逻辑相关的因素，并试图从结构与过程两方面对诸多协同因素进行整合，是一种极具解释性和概括性的研究架构。该理论模型认为，协同治理是多元主体处于规范化互动关系结构中共同参与公共事务的开放性决策过程。特别是在社会网络的影响下，协同治理注重关系和结构的分析，既关注行动者的社会性粘着关系，又强调行动者在社会网络中的位置。

从理论上讲，我国一直倡导党委领导、政府负责、社会协同、公众参与、法治保障的社会管理体制。因此，本章的构建包含了三元主体的协同共治机制。垃圾分类作为一项国家政策，政府是其必然的主体之一。要实现废弃物资源的再利用，就离不开作为市场主体的企业，因此企业也是垃圾分类的核心主体之一。垃圾分类的政策归宿在于社区居民能够有效执行政策内容，因此，由居民构成的社区，也是垃圾分类的核心主体之一。

根据协同治理的结构-过程模型，在垃圾分类的治理场域下，政府、市场和社区分别扮演着不同的角色。①政府主导是垃圾分类的显著特征。政府在垃圾分类过程中扮演着权威治理主体的角色，所承担的主要责任包括：制定和实施垃圾分类管理办法、监管垃圾分类主体的行为、平衡各利益相关者之间的关系、引导多主体向垃圾分类效益最大化方向发展、提供垃圾分类服务与设施等。②市场参与是垃圾分类运行的重要保障。垃圾分类的实质是实现"无害化、减量化和资源化"，其中，"资源化"的实现依赖市场机制的充分运转。实现废弃资源的充分回收利用才能为垃圾分类赋予资本源动力，提供市场激励手段。而企业在其中扮演着重要角色，作为市场化模式下的经典组织，企业是带动个体参与垃圾分类的重要力量，所承担的主要责任包括：引进先进设备和技术处理可回收废弃物，以有偿的方式刺激个体参与垃圾分类回收，承接政府的垃圾处理竞标项目。③社区治理是垃圾分类的基础。研究表明，公众参与源头分类关乎垃圾分类治理的成败。在社区场域下，最大限度地组织居民参与垃圾分类，是社区的主要任务。社区居民内部形成的社会网络，社区制定的分类规范，居民对社区组织的信任和与周围人的关系，共同构成了居民参与垃圾分类的结构网络，可以作为推动垃圾分类的着力点。而社区内的活动受到政府和市场的双重影响，其结果又反馈给政府和市场，多向互动，最终实现垃圾分类的有效推进。

本章围绕前述提取的影响垃圾分类效果的关键因素，从政府、市场、社区协同互动的角度，构建了垃圾分类协同治理框架，如图 7-13 所示。

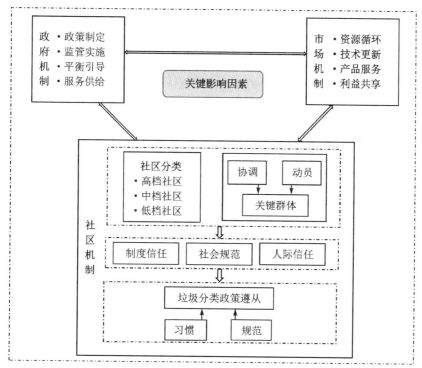

图 7-13　垃圾分类协同治理分析框架

二、关键群体与关键因素分析

(一)关键群体识别

结合垃圾分类动机-行为类型,我们认为,具有垃圾分类动机且能够实施垃圾分类行为的人是垃圾分类的关键群体。按照社区等级,对垃圾分类动机-行为类型中的"绿色-BH"人群的社会人口学统计特征进行分析,以识别关键人群特征。根据三类社区关键人群特征的结果百分比,与总样本百分比进行对比分析,发现以下特点。

1.高档社区关键群体

高档社区关键群体的特征为:性别为女性,年龄在 35~44 岁,学历为高中(中专、技校、职高),月收入为 4001~6000 元,在社区居住了 3~5 年或 6~10 年。具备这些特征的群体应该成为高档社区需要关注的主要群体。以她们为突破口,挖掘其典型的社会特征,使其加入社区垃圾分类推进工作中去,并试图以她们为突破口,找到社区垃圾分类自治的瓶颈和解决路径。

2.中档社区关键群体

中档社区的情况比较特殊,有明显的障碍性人群,即绿色-BH 的人群明显低于原本的人群分布情况。结果发现,其关键群体特征为:年龄在 35～44 岁或 55～64 岁,月收入为 4001～6000 元,家庭规模在 5 人左右,在社区居住时间为 6～10 年。而障碍性群体的主要特征为年龄在 15～24 岁的群体。

3.低档社区关键群体

低档社区关键群体特征为:男性,年龄在 55～64 岁或 65 岁及以上,学历以小学、初中、高中为主,月收入在 4000 元及以下,其中,2500 元及以下的收入人群居多,社区居住年限为 15 年以上。很明显,低档社区垃圾分类的关键人群为老年人,但很可能受到样本收集人群分布的影响,其表现出明显的年龄异质性特征。但总体来看,这些人群特征也具有一定意义上的参考性。另外,低档社区的 35～44 岁的人群是垃圾分类的障碍人群。

不同社区类型下形成的关键群体正处于社会网络中的结构洞位置,社区可以通过识别关键群体特征,将这些群体组织并集合起来。这些群体具有较高的垃圾分类动机且能够积极实施垃圾分类行为,对垃圾分类工作有着高度认同。社区可通过对他们进行宣传、鼓励,号召他们通过自身的私人社会关系,以非正式组织的方式带动周围人参与垃圾分类。利用群体规范与人际信任,通过志愿者活动等形式将这些群体有效地捆绑在一起,通过他们的示范效应号召更多人投身于垃圾分类行动当中去。

(二)关键因素分析

结合前文论述结果,影响城市垃圾分类的主要障碍因素为废弃资源回收利用企业数和城市建成区面积。也就是说,在西安市目前整体垃圾分类的大背景下,城市建成区面积和废弃资源回收利用企业数是阻碍垃圾分类效果提高的宏观意义上的影响因素。结合本章构建的政府-市场-社区三元协同共治机制,在宏观层面,即政府和市场层面,需要重点考虑这两项障碍因素,并将其作为下一阶段垃圾分类工作推进的重点。

(1)城市建成区面积涉及城市发展规划。近年来,随着西部大开发战略的推进和西安旅游业的崛起,西安的经济发展速度越来越快,也促进了更多的人口流动。大量人口资源的涌入带来的最大变化是房地产业的迅速发展、城市建成区面积的不断扩大。但商业化推动房地产业蓬勃发展的同时,并没有同时做好环境保护和后期维护,许多新建区域并不能满足居民正常的环境需求,这也使得在垃圾分类推进过程当中,许多新开发的社区还没有形成成型的垃圾分类管理体系,甚至缺乏完备的垃圾分类设施,阻碍了西安市整体垃圾分类效果的提高。

因此,政府在重视城市经济发展的同时,也应关注城市建成区带来的负面压力。在政策规划阶段,应将环境问题纳入决策,不断推进西安市垃圾分类工作的改进,切实提高垃圾分类效率。

(2)废弃资源回收利用企业数量也是影响垃圾分类效果的主要障碍因素。这侧面反映了实现废弃物资源的回收再利用是垃圾分类能够长效推进的必由之路。统计数据显示,近五年以来,西安市再生资源回收利用企业数量一直在增加,且保持了一个良好的增长势头。这说明西安市目前具备废弃资源回收利用企业发展的环境,但由于政策投入力度、社会支持、中下游产业配套等问题,废弃资源的回收利用一直处于一种慢热发展状态。然而,从近几年的企业增加趋势来看,越来越多的企业已经开始嗅到废弃资源的市场红利,这对政府全面推进垃圾分类和废弃物再利用具备优越的时机优势。

因此,政府有必要在环境财政支出当中,有针对性地拨出一部分资金,支持西安市废弃资源企业的起步和发展。而正处于发展初期的西安市,具备强大的人才储备优势,正需要政府的统筹协调,从而实现经济发展与资源循环的双赢。

(3)在公众参与垃圾分类层面,指标权重显示,主观规范在居民垃圾分类行为动机方面发挥着更大的作用,这正与嵌入性社会结构理论中所强调的社会资本异曲同工。对社区按其发展阶段不同,有针对性地提出不同的发展策略,是当下推进西安市垃圾分类的可行路径。

(4)垃圾分类知识对于公众是否有效参与垃圾分类工作影响显著。加强对垃圾分类知识的宣传,不是单纯地依靠网络媒介和社会活动让人们关注垃圾分类,而是真正从解决人们的垃圾分类盲区着手,普及正确的垃圾分类知识,使人们产生对垃圾分类的主观认同和概念认同,让其在想要进行垃圾分类时,不会觉得分类会令人纠结或感到困难,渐渐培养成一种习惯,从而实现垃圾分类工作的长效推进。

三、西安市垃圾分类推进策略

(一)政府-市场-社区三元主体协同共治

垃圾分类既是一种群体行为,也是一种个体行为,涉及的主体众多,牵涉多种要素。因此,仅依靠政府的力量难以达到有效的分类效果。与垃圾分类相关的利益主体的配合与合作是实现垃圾分类长效推进的关键。因此,结合前述分析结果,我们认为,协同治理是垃圾分类的必由之路,形成政府主导、企业参与、社区推进的垃圾分类治理模式,是现阶段推进垃圾分类亟待要推进的工作。

(二)识别并生成关键群体

关键群体是社区场域下垃圾分类治理网络的重要连接点,不同类型的社区具有不同的关键群体。本章按照经济发展水平将西安市的社区划分为三类,分别提出三类社区的关键群体特征,具有一定参考价值。

（三）协调城市发展规划和鼓励废弃资源回收利用企业发展

短时间内，在宏观层面政府可以将关注重点放到城市建设用地发展规划和废弃资源回收利用企业培养方面。在建设规划方面，政府需进一步加强房地产建设用地的审批监管，注重对建成社区各项基础设施和管理的监督，确保城市发展建设能够与环境保护协调一致，尤其要切实落实和监管新建社区的垃圾分类工作。在废弃资源回收利用企业培养方面，建议政府采取更加开放和具体的市场准入标准、加大对相关企业的财政扶持力度、优化产业布局结构、培养产生共生环境，为形成全链条、有秩序的资源循环发展格局提供政策环境。

（四）加强垃圾分类群体规范和知识普及

在社区层面，主观规范对个人是否愿意参与垃圾分类影响最大。因此，创造良好的社区分类氛围、从道德要求的层面推进居民参与垃圾分类工作，是一条可行之路。另外，垃圾分类知识对居民是否有效且是否愿意长期参与垃圾分类影响巨大。从调查结果上来看，多数居民对垃圾分类知识的掌握程度不高，心理预期上的分类负担较重。因此，社区可通过长期举办垃圾分类知识竞赛、志愿者宣传等活动，潜移默化地向居民灌输垃圾分类知识，使其有效吸收并掌握垃圾分类知识。通过群体规制和降低垃圾分类预期难度的双重作用，促进公众参与垃圾分类工作。

第六节　章节总结

本章通过文献梳理、模型构建和实证分析，系统论述了西安市生活垃圾分类的详细情况，并最终推出了西安市垃圾分类推进策略。具体内容如下。

第一节主要介绍了本章的研究背景与研究意义，为后续章节的开展奠定了基础。

第二节主要分析总结了本研究开展所应用的基础理论和所构建的框架模型，并概述了主要数据来源，为后面开展实证分析奠定了基础。本节主要内容和结论如下：①通过理论梳理，本研究提取可持续发展理论中的经济、社会和环境协调发展的思想，将其纳入城市垃圾分类评价指标选取中。总结了协同治理理论的基本特性，明确强调多元主体的有效合作是现代化社会治理的主流方向。嵌入性社会结构理论则用于从社区层面推进垃圾分类的策略研究。②在框架模型构建方面，按照总-分结构对本研究构建的框架模型进行了总结。基于可持续发展理论、协同治理理论和嵌入性社会结构理论，构建了本研究开展的基本分析框架，分别介绍了从城市层面评价垃圾分类效果的理论模型和从微观层面公众参与的角度评价垃圾分类的理论模型。③在模型的选取方面，通过比较 PSR、DSR 和 DPSIR 三大模型，最终选取 DPSIR 作为城市层面垃圾分类效果评价的基本模型，包括驱动力、压力、状态、影响和响应五个维度。微观层面则从动机和行为两个主要衡量要素着手。④在数据来源方面,城市层面的分析数据主要来自政府统计部门公示的统计数据,公众参与的分析数据主要来自社会调查。

第三节主要进行了城市层面的垃圾分类效果评价,具体包含评价指标体系构建、指标赋权、评价结果分析和障碍因素识别。①在评价指标体系构建方面,本章根据国内外相关文献提取和可持续发展要求,基于 DPSIR 框架模型,生成了驱动力、压力、状态、影响和响应五个维度下包含经济、社会、环境、科技等多个要素的评价指标。按照指标筛选原则,分别通过指标相关性测度、指标区分度测算和指标体系合理性检验,最终生成了城市层面垃圾分类效果评价的一级指标,包含驱动力等5个二级指标、人均 GDP 等 19 个可测的三级指标的评价指标体系。②在指标赋权方面,主要采用熵值法和 CRITIC 法相结合的权重确定方法,使之既能够从完全客观的角度反映指标的重要性,又能通过两种方法在侧重点上有差异地相互补充,弥补因过分依赖客观赋权导致的指标失真问题。在应用两种方法分别赋权下,最后基于线性加权组合法生成了最终指标权重表。③在评价结果分析方面,本章采用 TOPSIS 法,分别计算了整体的评价值和 DPSIR 模型下五个子系统分别的评价值的变化。结果发现,整体上,西安市垃圾分类效果的评价值平稳上升,目前处于中等水平,具有较好的发展趋势。从各个子系统分别来看,驱动力、影响和响应三个子系统的评价值呈"波动上升"趋势,最优结果处于中等水平,压力子系统的评价值在五年中出现从最优值急速下降的情形,状态子系统则与之完全相反,两个子系统的评价值相对不太稳定,但基本趋势明了。④在障碍因素识别方面,基于障碍度模型,确定了废弃资源综合利用企业数和城市建成区面积,这是当前城市层面影响垃圾分类效果的关键障碍因素。

第四节主要进行了公众参与垃圾分类效果评价。具体包含动机行为评价指标体系构建、动机-行为类型模型构建、公众参与垃圾分类效果现状和垃圾分类动机-行为类型影响因素研究。①在评价指标体系构建方面,本章基于问卷调查结果和探索性因子分析,确定了衡量后果意识、行为意图、个人规范、主观规范、感知行为控制的题项,采用主成分分析法确定指标权重,发现主观规范在动机的衡量中占的比重最高,即对动机的影响最大。②在动机-行为类型模型建构方面,本章根据评价指标体系结果,通过公式计算,将居民参与垃圾分类的行为划分为四种,分别是绿色-BH、灰色-BH、蓝色-BH、红色-BH,这种细分可以为针对性地提出垃圾分类推进策略提供前提。③在公众参与垃圾分类效果现状分析方面,本章主要根据样本的社会人口学统计特征,基于个人、家庭和社区层面的异质性,分别对居民垃圾分类的动机、行为和动机-行为类型模型结果进行了描述性分析。结果显示,总体上来看,公众参与垃圾分类的积极人群占比较高。④在垃圾分类动机-行为类型影响因素研究方面,本章主要提取了内外部两个维度的因素进行 Logistics 回归分析。结果显示,垃圾分类知识对所有类型都具有显著的正向影响,是下一步推进垃圾分类工作中需要关注的重点问题。

第五节主要进行了推进西安城市生活垃圾分类策略的研究。垃圾分类要求从整体出发,构建主体协调的宏观到微观体系,并确保协调性和有效性。要推进垃圾分类工作,重要的是关注全局,强调执行效果,并对影响垃圾分类的关键因素进行提取。本章提出了对西安市适用的垃圾分类推进策略,这主要包括三个部分:构建政府-市场-社区协同治理机制,进行关键群体识别和关键影响因素分析,提出推进策略。①在政府-市场-社区协同治理机制中,政府作为主导方,企业运用市场机制推动废弃资源的利用,而社区则负责实施政策和调动居民参与。协同治理的内涵在于建立平等合作的对等关系,推动有效的公共事务治理。本研究倡导利用协同治理理论的方法,在垃圾分类方面,尤其是由政府、市场、社区共同协作,形成协同治理的框架,确保垃圾分类的效率和推广。②在关键群体和关键因素分析方面,识别具有垃圾分类动机和行为的关键群体尤为关键,因为这些群体在社区层面有着重要的影响力。同时,城市层面的宏观障碍因素,如废弃资源企业数量和城市建成区面积,也被认为是垃圾分类效果提升的限制性因素。必须考虑的是如何集中关注并修复这些障碍,以便不断推进改进。③针对西安市的垃圾分类推进策略,提出几个关键建议,分别是倡导政府、市场与社区的协同共治以提高垃圾分类的有效性,识别关键的社区群体用以促进垃圾分类的社区参与,协调城市发展规划并鼓励废弃资源回收利用企业的发展以及通过加强垃圾分类的群体规范和知识普及,提高公众参与垃圾分类的意愿和效率。④对于不同社区类型下的关键群体,提出了建立社区场域下垃圾分类治理网络的方案,识别社区中的关键群体特征,组织这些群体并以人际信任和志愿者活动等形式加强社区内垃圾分类的参与。通过这些措施,西安市的垃圾分类工作有望实现质的飞跃。

总而言之,本章从宏观和微观两个层面对西安市垃圾分类效果进行了评价,发现西安市生活垃圾分类效果良好,多元共治是有效推动垃圾分类的必要手段。此外,加强城市规划和促进废弃资源回收利用企业发展是宏观层面的工作方向,关键群体识别是社区垃圾治理的关键。

第八章 政策驱动与未来展望

第一节 政策分析:从研究到政策实践的桥梁

一、加强政策覆盖面

扩大垃圾分类政策的地域和人群覆盖范围,确保更多区域和人群能够受益于政策,从而实现更广泛的环境保护效果。具体内容包括:①要识别覆盖薄弱地区。通过数据分析和实地调研,识别当前政策覆盖不足的区域和人群。重点关注城乡接合部、农村地区和低收入社区等垃圾分类意识较弱的区域。②制定针对性政策。根据不同区域和人群的特点,制定有针对性的政策和措施。例如,对于农村地区,可以结合当地的农业生产和居民生活习惯,制定适合的垃圾分类政策;对于低收入社区,可以提供经济激励措施,鼓励居民积极参与垃圾分类。

二、细化政策实施细则

制定具体、可操作的实施指南和细则,确保垃圾分类政策在执行过程中具有明确的操作步骤,从而提高政策的执行力和有效性。具体内容包括:①编制操作手册。根据垃圾分类政策的总体要求,编制详细的操作手册,涵盖分类标准、操作流程、监督检查等内容,确保执行人员和公众都能清晰地理解和正确地操作。②培训执行人员。组织针对政策执行人员的系统培训,确保他们熟悉政策内容和实施细则,提高他们在实际工作中的操作能力。③设立示范点。在各地设立垃圾分类示范点,作为政策实施的标杆和学习样板,通过示范点的成功经验带动其他区域的政策执行。④建立监督和反馈机制。通过建立政策实施的监督和反馈机制,定期检查政策执行情况,并通过问卷调查、座谈会等方式收集执行人员和公众的反馈,以及时调整和完善政策实施的相关内容和政策细则。

三、增加政策实施的资源投入

加大政府在垃圾分类政策实施中的资源投入,将法律保障、资金支持、人才培养、经验推广以及技术支持等政策工具纳入政策激励范畴,以激励更多的政策客体参与到我国垃圾分类回收利用活动的建设中去,确保政策有足够的资源支持,促进政策的有效实施。具体内容包括:①加强法律保障。为确保垃圾分类政策的有效实施和长期稳定,需要构建健全的法律保障体系。一方面通过完善垃圾分类相关法律制度及配套法规,细化分类标准和操作细则,明确各级政府、企业和公众的法律责任,建立责任追究机制;另一方面加强执法力度,设立专门执法机构,定期开展执法检查,严厉打击违规行为。②资金支持。政府需设立专项资金,确保垃圾分类政策实施所需的财力支持,重点投向设备购置、技术研发和基础设施建设等方面。③人才培养。在政策实施过程中,加强人力资源的投入,尤其是在关键区域和环节,配备足够的专业人员负责政策执行和监督。④经验推广。通过总结和推广各地在垃圾分类政策实施中的成功经验和最佳实践,借鉴先进做法,提高整体的政策执行水平。⑤加大技术支持。引入先进的垃圾分类技术,提高垃圾分类和处理的效率,如智能垃圾分类系统、垃圾分类追溯系统等,提升技术支撑水平。

四、强化政策宣传与教育

通过持续的政策宣传和教育,提高公众对垃圾分类政策的认知度和理解度,增强公众的环保意识和参与积极性。具体内容包括:①要多渠道宣传。利用电视、广播、报纸、社交媒体等多种渠道,广泛宣传垃圾分类政策和知识。通过生动有趣的宣传内容,提高公众对政策的关注度。②举办社区宣传活动。在社区开展垃圾分类宣传活动,通过知识讲座、宣传海报、互动游戏等形式,提高居民的环保意识和垃圾分类技能。③加强学校教育。将垃圾分类知识纳入学校教育课程,从小培养学生的环保意识和垃圾分类习惯。通过学校教育,提高家庭和社区的垃圾分类参与度。④注重持续教育。开展持续的垃圾分类知识培训和宣传活动,确保公众能够不断地更新、掌握最新的垃圾分类知识和政策要求。

五、加强对居民的信息干预

加强对居民的信息干预、提升其对垃圾分类政策的感知是促进政策实践有效性的关键策略。信息干预涵盖了多方面的宣传、教育和沟通活动,旨在通过多渠道、多形式的传播方式,确保政策内容和操作指南深入人心。具体内容包括:①要多渠道宣传。通过电视、广播、报纸、杂志等传统媒体以及微信、微博、抖音等新兴的社交媒体平台,广泛传播垃圾分类政策的重要性和实施细节,使更多居民了解政策的背景、目的和具体操作方法,从而提高政策的知晓度和接受度。②定期举办社区活动。通过社区讲座、培训和工作坊,邀请环保专家和政策制定者为居民解答疑问、示范分类技巧。通过面对面的交流,增强居民对政策的理解和支持,增强政策的可信度和权威性。③强化政策感知。信息干预不仅仅是简单的政策宣传,更重要的是,通过增强居民的政策感知,可以推动其行为的积极变化和政策的实际落实。研究表明,居民对政策的认知和理解程度直接影响其实际的垃圾分类行为。因此,加强信息干预有助于提高居民的分类意识和自觉性,使其能够更有效地参与到政策实施中来。④定期评估和调整信息干预策略的效果。这是确保政策宣传和教育活动持续有效的关键步骤。通过收集和分析居民的反馈意见和行为数据,可以及时发现和解决宣传中存在的问题,进一步优化政策宣传的方式和内容,提升其针对性和吸引力。

总体而言,加强对居民的信息干预不仅是提高垃圾分类政策实施效果的有效途径,也是推动社会整体环保行动的重要的策略,为建设美丽中国、可持续发展贡献积极力量。

第二节　战略规划:推进生活垃圾分类的政策建议

垃圾分类对于减少环境污染、节省土地资源、提高资源利用效率有重要的意义。2024 年,中华人民共和国住房和城乡建设部指出,推动垃圾分类工作取得阶段性进展。①分类制度逐步完善,全国 21 个省(自治区)、173 个城市出台了垃圾分类方面的地方性法规和政府规章制度,"省级负总责、城市负主体责任"的工作责任制全面落实。②分类体系初步构建。46 个重点城市率先建立比较完备的垃圾分类投放、分类收集、分类运输、分类处理系统,其他地级城市的分类体系建设加快推进。③分类习惯开始养成。垃圾分类成为群众认可、媒体关注、社会热议的绿色低碳生活新时尚,全国地级及以上城市居民小区垃圾分类覆盖率达到 92.6%。

然而,在垃圾分类的实际工作中也面临一些困难和问题,具体表现在以下几个方面。①居民对垃圾分类的意识需要进一步强化。目前,垃圾分类的推进主要依赖政府的投入和支持,但存在一些不平衡的现象。街道和社区虽然有干劲,也有相应的措施,但居民由于受日常习惯和生活方式的影响,对垃圾分类的参与意识相对较弱,主动性和积极性有待提高。②垃圾分类的普及程度尚需提升。虽然社区在推广垃圾分类方面投入了大量努力,采用了包括但不限于四至五种宣传手段,但对居民的垃圾分类教育和宣传工作仍有改进空间。目前,面对面的指导机会较少,导致垃圾分类知识的普及程度尚不理想,居民对垃圾分类的具体知识掌握不够充分。③垃圾分类工作团队的建设需要进一步加强。目前,虽然各社区普遍建立了包括督导员、培训员在内的垃圾分类工作队伍,但这些团队在稳定性和专业性方面仍有不足。对这些团队成员进行的培训教育工作尚未形成常规化和持续化。特别是督导员队伍,主要由环卫工人和社区内的退休或失业人员组成,整体素质有待提升。同时,团队成员的流动性较大,招募新成员也面临一定的挑战。④生活垃圾分类的质量亟须提升。目前,居民在源头进行垃圾分类的效果并不理想,导致投放时的准确率不高。社区分类指导员不得不对垃圾进行二次分拣,这不仅增加了环境污染的风险,同时也加重了工作人员的负担。⑤垃圾分类的监管力度仍需加强。目前,市级层面尚未完善针对垃圾分类的具体法规和规章制度。对于不遵守垃圾分类规定的居民,主要采取的是劝导措施而非强制措施,这导致垃圾分类的实际执行效果并不尽如人意。另外,垃圾分类的工作体系和运行机制需要进一步完善。垃圾分类是一个涉及多个部门的复杂系统工程。区垃圾分类办公室、街道、社区以及其他相关部门的参与度和协作力度需要进一步加强,以形成更强大的工作合力。此外,政策的整合性和协调性也需要提高,以确保垃圾分类工作能够更高效、更有序地进行。

垃圾分类是"关键小事",也是"民生大事",是实现资源循环利用、保护环境的重要措施。随着城市化进程的加快,垃圾问题日益严重,推进垃圾分类已成为城市管理中的一项重要任务。为此,本节旨在提出一系列战略规划和政策建议,以促进垃圾分类的有效实施。

一、坚持因时而进、因地制宜

在回收利用上下功夫,坚持因时而进、因地制宜,统筹做好各类垃圾分类工作。

(1)要着力抓好可回收物的回收利用工作。要加快建立可回收物交投点、中转站、再生资源分拣中心三级体系。通过这三级体系的建立,实现资源的高效流通和再利用。要积极推进生活垃圾分类网点与废旧物资回收网点的"两网融合",使二者形成联动机制,确保可回收物应分尽分、应收尽收。这不仅有助于提升资源的利用率,也能有效减少垃圾的填埋量和焚烧量,从而减轻环境压力。

(2)要抓好大件垃圾的回收利用工作。大件垃圾由于体积大、处理难度大,往往成为垃圾处理过程中的难点。要建立健全大件垃圾的服务体系,设立专门的收集、运输和处理通道,确保大件垃圾能够得到及时、有效的处理。要打通群众投放大件垃圾的卡点堵点,通过设立便捷的投放点或提供上门收集服务,解决群众投放难的问题,提高大件垃圾的回收率和处理效率。

(3)要调整优化垃圾分类方式。垃圾分类的成功离不开群众的积极参与,因此在制定分类方式时要充分考虑群众的接受度和便利性。要通过优化分类方式、标准和要求,简化分类流程,让群众能够更容易地参与垃圾分类工作。要做好垃圾分类工作,广大居民的积极参与、主动作为至关重要。

(4)要强化科技赋能。科技是推动垃圾分类和处理的重要力量。要用好焚烧处理方式,把垃圾转化为电能、热能,实现资源的再利用。要加大科技攻关力度,研发小型适用的焚烧技术和设备,促进垃圾的就地就近处理。通过科技手段提高垃圾处理的效率和环保水平,减少垃圾处理对环境的二次污染,推动垃圾分类和处理工作的可持续发展。

二、坚持典型引路、示范引领

在示范引导上下功夫，坚持典型引路、示范引领，大力推进探索创新。

（1）要抓好示范创建工作。打造各具特色的垃圾分类示范样板是关键一步。要选择不同类型、不同规模的社区、企业和公共场所，开展垃圾分类示范项目，深入研究和总结不同环境下的垃圾分类经验。通过科学规划和系统管理，形成一批具有代表性的垃圾分类示范样板。这些样板不仅要具备较高的实用性和可操作性，还要能够在实践中不断完善和优化，尽快形成可推广、可复制的典型案例。通过这些示范样板的推广，推动全社会形成垃圾分类的良好氛围，提升公众参与的积极性和自觉性。

（2）要抓好县级市的试点工作。县级市作为基层行政单位，是推进垃圾分类工作的重要阵地。要在县级市广泛开展试点工作，探索不同地域简便易行的垃圾分类模式。根据各县级市的具体情况，制定切实可行的垃圾分类方案，确保分类标准明确、操作方法简单易行、监督管理到位。通过试点工作，积累实践经验，为其他地区提供有益的参考和借鉴。要充分发挥县级市在垃圾分类中的示范和引领作用，推动垃圾分类工作向农村和偏远地区延伸，持续扩大垃圾分类制度的覆盖面。

（3）将试点城市的有益经验上升为全国统一标准。按照有利于居民"认得清、分得明"的原则，结合垃圾分类后续处理程序，将先行试点城市实践中积累的有益经验上升为全国统一标准，确定通俗易懂的分类名称。具体来说，要统一生活垃圾分类标准和标示语，规范垃圾桶颜色与对应的垃圾类别，以及生活垃圾分类类别的外语译文，方便各地群众分类投放。在确立垃圾分类全国统一标准权威性的基础上，全国生活垃圾分类应按照统一的类别、品种、标志、标识进行分类。相关部门和机构要严格按照全国统一的分类标志设立垃圾分类投放暂存场所、容器和收运处置设施。生产企业在相关产品的包装上也要统一印制相应的分类投放标志，以确保垃圾分类信息的清晰传达和有效执行。

（4）推动官方垃圾分类科普平台的建设。通过推出官方垃圾分类手机 App 及微信公众号，宣传普及垃圾分类相关知识，让居民能够方便地查询分类标准和方法，提升垃圾分类的自觉性和准确性。通过信息化手段，实现对垃圾分类知识的广泛传播和实时更新，提高居民的环保意识和垃圾分类参与度。

三、坚持倡导低碳、强音高奏

在教育宣传上下功夫，坚持奏响"垃圾分类就是低碳生活新时尚"最强音，加强教育引导，持续保持全社会参与垃圾分类的热情。

（1）要加强志愿服务。进一步发展壮大志愿者队伍，完善志愿服务机制，健全志愿服务体系。通过组织志愿者培训，提高他们对垃圾分类的认识和技能，使他们能够更好地引导和带动社区居民养成垃圾分类的好习惯。可以定期组织志愿者开展垃圾分类宣传、入户指导等活动，让更多居民在日常生活中感受到垃圾分类的重要性和必要性，逐步形成全社会参与的良好氛围。

（2）要营造浓厚氛围。推动垃圾分类进社区、进家庭、进学校、进企业、进机关、进商超、进宾馆、进窗口、进军营，让垃圾分类理念深入人心。可以通过张贴宣传海报、设置宣传栏、播放宣传片等多种形式，在公共场所广泛宣传垃圾分类知识。组织社区活动、家庭教育、企业培训等多样化的宣传活动，使垃圾分类成为大家日常生活的一部分。同时，利用各种媒体平台，广泛传播垃圾分类的理念和方法，增强社会各界的参与意识和责任感。

（3）要注重宣传实效。加强"一对一、面对面"宣传引导，让居民听得懂、记得住、能认同。可以通过社区讲座、居民座谈会等形式，直接面对面地向居民讲解垃圾分类的意义和具体操作方法。抓早抓小开展校园宣传，以生动活泼的方式引导青少年参与垃圾分类教育实践。将垃圾分类纳入国民教育大纲，按照由浅入深、由简到繁的原则，与小学、中学相关学科内容相融合，并组织开展如垃圾分类知识竞赛、参观垃圾回收过程等教学活动，让青少年在学习中逐步培养垃圾分类意识和习惯，在学习实践中内化为日常行为准则。

四、坚持上下贯通、协同联动

在落实责任上下功夫，坚持上下贯通、协同联动，齐心协力地把垃圾分类工作推向深入。

（1）出台垃圾分类基本法，明确综合管理部门。目前，我国缺乏一部综合性的垃圾分类法对分类标准、投放、清理、处置以及企业生产者的责任与义务等问题进行具体规范。同时，我国垃圾分类回收管理法律体系主要依托其他法律法规，存在过于笼统、可操作性不强的问题。此外，国内负责垃圾分类工作的部门较多，涉及城管、住建、环保等部门，政出多门，容易导致效率不佳、责任不清。因此，应尽快出台适合我国实际情况的垃圾分类基本法、综合法及专项法，健全垃圾分类管理法律保障体系，明确垃圾分类综合管理部门，专门负责生活垃圾分类回收、处理等工作，提高垃圾分类实施效率。

（2）要强化省级统筹协调作用，落实城市主体责任，构建人人参与、人人负责、人人奉献、人人共享的垃圾分类机制。省级政府应当发挥统筹作用，协调各城市和地方政府的垃圾分类工作，确保政策的一致性和执行的协调性。城市政府则应当积极落实主体责任，制订详细的实施方案，开展广泛的宣传教育活动，激励居民积极参与垃圾分类，从而形成全社会共同参与垃圾分类活动的良好氛围。

（3）加大政策支持力度，推动项目落实落地。①加强资金支持。通过中央预算内投资等方式对符合条件的项目予以支持，将符合条件的环境基础设施建设项目纳入地方政府专项债券的支持范围,确保垃圾分类项目有充足的资金保障。②健全价格机制。完善污水、生活垃圾、危险废弃物、医疗废弃物处置价格形成和收费机制,确保垃圾分类和处理的成本能够得到合理的补偿,提高垃圾处理企业的积极性。③增强信贷支持。鼓励金融机构按照市场化原则、商业可持续原则,加大环境基础设施项目信贷投放力度和融资支持力度,推动垃圾分类项目的顺利实施。

第三节 前瞻性思考:提升生活垃圾分类的可持续路径

一、构建全方位政策感知提升机制

政策感知作为政策实施和受众行为之间的关键传导因素,能够有效反映政策的实施成效。具体来说,由政策实施形成的政策感知如果促成了受众的行为改变,说明"政策实施→政策感知→行为改变"的传导畅通,政策实施有效。否则,说明政策低效甚至无效。这为评估垃圾分类政策乃至公共政策的效果提供了可行办法。目前,我国政府一般采取强制监管或经济激励的措施来规范公民行为,但成本较大并难以达到预期目标。从变量测度所用的观测指标可以看出,政策感知变量不以行为限制和物质诱导为基础。

因此,为了提升居民对垃圾分类政策的感知度,需要构建一个全方位的政策感知提升机制,而这需要政策宣传、社区互动、教育培训、社区参与、技术支持等多方面的协调和努力,以提高公众对垃圾分类政策的认知度和接受度,从而促进垃圾分类行为的有效实施。具体内容包括:①要增强政策的宣传力度。通过媒体、社交平台、社区活动等多种渠道广泛传播垃圾分类政策的背景、目的和具体操作方法,确保不同年龄层和社会群体都能接收到政策信息。②强化社区互动。政策制定者应深入社区,与居民面对面交流,了解他们的需求和困惑,从而设计更加贴近民生、易于理解和执行的政策。③推广教育培训工作。通过教育系统的整合,将垃圾分类知识纳入学校课程,从小培养学生的环保意识和垃圾分类习惯,并在社区中组织垃圾分类知识讲座和培训班,提高居民的垃圾分类技能和意识。④设置激励机制。通过设立垃圾垃圾分类奖励机制,对积极参与垃圾分类的家庭和个人给予物质奖励或精神鼓励,如颁发荣誉证书、发放奖品等;通过建立积分制度,按居民正确地进行垃圾分类的次数和垃圾分类质量积累积分,积分可以兑换礼品或优惠服务。⑤加大科技应用。通过推广智能垃圾分类设备,如智能垃圾桶、智能回收机等,提高垃圾分类的便捷性和准确性。同时建立垃圾分类信息平台,提供分类指南、回收点位查询、政策解读等服务,方便居民获取相关信息。可通过提升居民便利性感知等措施,提高居民对政策的认知度和接受度,构建全方位的政策感知提升机制,进而促进居民垃圾分类行为的实施。

二、优化垃圾分类基础设施建设

便利性感知是制约垃圾分类政策成效的关键因素。当居民明确感觉到垃圾桶的数量充足、垃圾桶安放位置便利时，他们的政策感知程度会显著增强，同时其垃圾分类行为的发生频率也随之提高。因此，优化垃圾分类基础设施建设是提升垃圾分类效果的关键环节，主要涉及完善分类收集、运输、处理等各个环节的设施，确保整个垃圾分类体系的高效运行。具体内容包括：①完善分类收集设施。通过在居民区、商业区、公共场所等地增设足够数量的分类垃圾桶，并标注清晰的分类标识，方便居民按类投放；同时引入带有分类提示、投放记录、容量监测等功能的智能垃圾桶，提高居民分类投放的准确性和便捷性。②优化分类运输系统。通过配备专门的分类垃圾运输车辆，确保不同类别的垃圾在运输过程中不混淆，可以采用不同颜色的垃圾车分别运输可回收物、厨余垃圾、有害垃圾和其他垃圾。同时根据垃圾产生的实际情况，优化垃圾运输路线，减少运输时间和成本，提高运输效率。③提升分类处理能力。通过建立垃圾综合处理厂，集成垃圾分类处理、资源化利用和无害化处理功能，提高垃圾处理的效率。同时建设再生资源分拣和处理中心，推动废旧物资的回收和再利用，形成循环经济。④设立分类回收站。在社区、街道设立固定的分类回收站，方便居民集中投放大件垃圾、电子废弃物、有害垃圾等特殊垃圾。⑤加强设施维护和管理。通过对垃圾分类收集、运输和处理设施进行定期维护和保养，确保设备的正常运行和使用寿命。同时建立设施管理责任制，明确管理职责，确保垃圾分类设施的规范管理和高效运作。通过这些措施，降低居民参与垃圾分类的难度，提高其便利性，从而鼓励更多的居民参与垃圾分类工作。

三、强化政策执行和监管力度

政策的成功实施不仅取决于其设计，更在于其执行和监管。政府应加强对垃圾分类政策执行的监管力度，确保政策得到有效执行。具体内容包括：①建立完善的奖惩机制。这包括对不遵守垃圾分类规定的行为进行处罚，增强政策的威慑力，同时也对积极参与垃圾分类的个人或社区给予奖励和表彰，激励居民遵守政策规定，形成良好的垃圾分类习惯。②定期评估和动态调整。政府还应定期对垃圾分类政策的执行情况进行评估，收集数据和居民反馈，分析政策实施效果。根据评估结果及时调整和改进政策，确保其始终符合实际需要，有效推动垃圾分类工作。③开展多维度监管措施。为确保垃圾分类政策的有效执行，政府需采取多维度的监管措施。通过开发智能监管系统和鼓励社区进行参与式监管，提高监管的实时性和互动性，确保政策调整能够及时反映居民的意见和需求。④增强政策执行的透明度。通过提高政策执行的透明度，公开政策实施过程和效果，让居民了解并监督政策的执行情况。⑤跨部门协作和专业培训。通过加强各部门之间的协作，形成政策执行的合力。同时对监管人员进行专业培训,提升其专业能力和政策执行水平。⑥开发评估工具和引入社会监督机制,为政策的持续改进和优化提供支持,共同推动垃圾分类工作的深入发展。

四、推动社区参与和居民自治

社区是垃圾分类工作的重要阵地,推动社区参与和居民自治对于提升垃圾分类的可持续性至关重要。通过社区居民的积极参与,不仅可以提高垃圾分类的效率,还能够帮助居民建立起对社区环境的责任感和归属感,从而形成垃圾分类的长效机制。具体内容包括:①提供技术指导和政策咨询。政府通过派遣专业技术人员到社区提供垃圾分类技术指导,帮助居民掌握垃圾分类方法和技巧。同时定期举办政策咨询会,解答居民在垃圾分类过程中遇到的政策问题,确保政策实施的透明度和理解度。②提供资金支持。通过设立专项社区环保基金,支持社区开展垃圾分类项目。同时提供必要的资金保障,激励社区积极参与垃圾分类工作。③培养自我意识。开发社区居民自治平台,让居民通过提案和在线参与,积极投身于垃圾分类项目的策划和实施工作。同时鼓励居民自发组织垃圾分类活动,形成自我管理和自我服务的模式,增强居民的自治意识。④选拔社区环保大使。通过在社区内选拔环保大使,负责组织和宣传垃圾分类活动,发挥榜样作用,带动更多居民参与垃圾分类活动。同时,组织社区环保挑战赛,增强居民的环保意识和参与度,通过互动和竞争,提高垃圾分类的积极性。这些措施将促进居民自治,增强社区责任感和归属感,共同构建垃圾分类的长效机制,推动社区环境的可持续发展。

五、加强国际合作与经验交流

垃圾分类是全球性的环境问题,加强国际合作与经验交流对于提升我国垃圾分类工作的可持续性具有重要意义。具体内容包括:①建立国际合作关系。政府可以与国际组织、外国政府以及非政府组织建立合作关系,共享垃圾分类的先进技术、管理经验和最佳实践。通过参与国际会议、研讨会等活动,学习借鉴国外的成功经验,同时展示我国在垃圾分类方面的成就和进展。②参与国际交流活动。通过积极参与国际会议、研讨会等活动,学习借鉴国外的成功经验,展示我国在垃圾分类方面的成就和进展。建立国际交流平台,促进知识共享和专家对话,推动全球垃圾分类技术和管理经验的交流与合作。③设立跨国人才培养计划。通过支持专业人才赴海外学习先进经验,培养具有国际视野的垃圾分类管理人才和技术人才。④举办国际竞赛和展览。通过举办国际垃圾分类创新解决方案竞赛,促使产生全球范围内的垃圾分类创新解决方案,推动技术和管理方法的创新。⑤建立国际标准和案例库。参与国际垃圾分类标准的制定,推动全球统一的垃圾分类标准,提升全球垃圾分类工作的规范性和协调性。同时,建立国际案例研究数据库,收集和分析全球范围内的成功实践案例,为国内垃圾分类提供参考和借鉴。⑥开展国际环境教育。通过与国外教育机构合作开发国际环境教育计划,提高公众的环保意识,推动垃圾分类的普及。⑦建立国际监测与评估体系,跟踪垃圾分类政策效果,及时调整和优化政策措施,确保政策的有效性和可持续性。

通过这些措施,在全球范围内促进垃圾分类的创新和改进,推动环境的可持续发展。国际合作与经验交流不仅有助于提升我国垃圾分类工作的水平,也能为全球环境保护贡献力量。

参考文献

[1] 刘庆健. 中国实施垃圾分类为何这么难？[J] 生态经济,2018,34(1)：10 - 13.

[2] 吕小康,付春野. 行为公共政策中的心理暗示效应[J]. 集美大学学报(教育科学版),2021,22(4)：42 - 48.

[3] 吕小康,武迪,隋晓阳,等. 从"理性人"到"行为人"：公共政策研究的行为科学转向[J]. 心理科学进展,2018, 26(12)：2249 - 2259.

[4] 万筠,王佃利. 中国城市生活垃圾管理政策变迁中的政策表达和演进逻辑：基于 1986—2018 年 169 份政策文本的实证分析[J]. 行政论坛,2020,27(2)：75 - 84.

[5] 许成磊,张超,郭凯,等. 政策支持、创业激情与技术创业成功：政策感知的调节作用[J]. 科技进步与对策,2022,39(14)：94 - 104.

[6] 张郁,徐彬. 基于嵌入性社会结构理论的城市居民垃圾分类参与研究[J]. 干旱区资源与环境,2020,34(10)：64 - 70.

[7] 汪涛,张家明,禹湘 m 等.资源型城市的可持续发展路径：以太原市创建国家可持续发展议程示范区为例[J].中国人口·资源与环境,2021,31(3)：24 - 32.

[8] 中华人民共和国国家统计局. 中国统计年鉴 2023[M].北京：中国统计出版社,2023：246.

[9] 中华人民共和国住房和城乡建设部. 城乡建设统计年鉴 2022[M].北京：中国统计出版社,2022：129 - 191.

[10] MA J, HIPEL K W, HANSON M L. Public participation in municipal solid waste source - separated collection in Guilin, China：status and influencing factors[J]. Journal of Environmental Planning and Management, 2017, 60(12)：2174 - 2191.

[11] AJZEN I. The theory of planned behavior[J]. Organizational Behavior and Human Decision Processes, 1991, 50 (2)：179 - 211.

[12] MA J, Hipel K W. Exploring social dimensions of municipal solid waste management around the globe：a systematic literature review[J]. Waste Management, 2016, 56：3 - 12.

[13] MA J，YIN Z，HIPEL K W，et al. Exploring factors influencing the application accuracy of the theory of planned behavior in explaining recycling behavior [J]. Journal of Environmental Planning and Management，2021，66（3）：445 – 470.